如画观法

An Architecture Towards Shanshui

王欣 著

光明城

LUMINOCITY

序

为了一种曾经被贬抑的世界的呈现

王澍

暑假里，王欣约我见面。我和王欣是一种什么关系呢？说我是一所建筑学院的院长他是学院的一个老师肯定是最没有意义的说法。我们的关系很特殊吗？表面上看，正好相反，我们实际上很少见面，在学院里见到总是偶遇，在学院外几乎不见面。但说我们关系一般肯定也不对，因为我一直知道王欣在做什么，他始终在我的视野里，而王欣也始终关注着我在做什么、说什么，甚至是特别留心。我常说，道不可以乱传，碰到没有根底的人，给他传道就等于害他。对王欣说话我总是放心的，甚至有点兴奋，因为我知道那轻轻的一句话说不定就会导致什么有意思的事情发生，就会延伸出某种机智的见解，某种教学里的新实验。可以说，有些话我是故意说给他听的，但即使这样，当我见到王欣，他拿着一本厚厚的样书，说是给我交作业的，我仍然觉得出乎意外，他说很多内容的缘起都和我有关，看来的确如此，书的名字《如画观法》就肯定出自我的某次言传。不过我必须承认他的勤奋，就像是我向远方指出一条道路，一群人看，只有王欣毫不迟疑地去走，而且走得那么远。那个在远方的名叫中国的建筑世界，真正在乎的人其实很少，而且它所代表的价值观在过去一个世纪里一直被国人自我贬抑，走那条路，甚至会被主流建筑学认为是古怪的，自娱自乐的。

十年前，我第一次在苏州的园子里就邀请他到杭州执教，由于各种原因直到 2010 年他举家南迁，于是我郑重地把二年级建筑设计基础教学的主讲教鞭传给了他。这门课之前的主讲是我，课程的名字叫作“兴造的开端”。我用“兴造”一词取代“设计”，典出童寯先生的《江南园林志》。“兴造”一词也意味着，它所指向的建筑活动总是开始于某种或某时某地的纯粹兴趣，它有方法但肯定没有所谓的体系。就像包豪斯对现代建筑学最重要的贡献就是特殊的基础教学，那是以一连串歧议纷纭的教学实验为标志的。王欣也完全认同我的主张，如果有一种当代中国的本土建筑学存在，首先就需要有一种归属于中国特殊的哲学思想的建筑基础教学的存在。而这种哲学在中国近代已经被贬抑了一个世纪之久，甚至已经被基本忘记了。

不过我之所以看重王欣，最要紧的并不是他有多少思考是受我影响，而是他总是契而不舍地深钻，总是多少可以做到和我不同。某种程度上，我可能比他更理想主义，或者说更放任学生，我总是试图让学生体会什么是自然的生发，而王欣则更像是把整个一个班学生作业当作一个作品在做，尽管多样性呈现的意图也是明显的，但老师对学生作业的介入更加明显。这种方式有点像用《芥子园画传》授课，只是课徒稿是王欣自己编的。

如果把我和王欣的学术交流关系说得清楚一点，而且是以兴之所至的方式说，可能用记录的方式更合适，以下就是一些有关的思绪与事件的记录，它们没有什么逻辑关系，只在此时从我脑海中出现的先后为次序，就用阿拉伯数字编号：

1. 如画观法，王欣认为这个意思最早是受我启发，我则觉得我是受我自己的作品启发。2008 年，我写了《自然形态的叙事与几何》一文，其中提到宁波博物馆的南立面和宋代画家李唐的《万壑松风图》的关系。重点是谈对北宋大观画法的领悟。当然，设计是 2005 年年底定稿的，我至今记得那种自觉意识产生之时的身体震颤，那个南立面首先是绝对二维的，就像是一个自然连绵物体上的一个切面，如果你仔细观察，就会发现混凝土侧墙和南面的瓦爿的衔接是剖面化的。这种做法有点愣，但却是直接建立了和二维画面的关系，一种现象学式的关系。之后，没有任何过渡，直接转向一种曲折的深度空间。所谓空间，是你意识到有什么重要事物被包含在内，但恰恰是那个事物被有意识地抽离了的，只留下某种暗示，某种存在的可能性。设计和文章时间相差很久，只是到写下那些文字的时刻，我才意识到这对我已经是一种清晰的设计方法。简单地说，如山水绘画本身所是的方式去观看空间，并记录下一系列相对空间位置，建筑物将如此生发形成。于是观法同时也是设计方法。这种“建筑如画”的传统不仅中国有，英国或许是受到中国的影响，从17世纪开始也盛行这种观念，一种今天看来甚至有些古板的观念：建筑一定要做得如风景画中一般。当然，今天看来，这种要求意见过于优雅而不切实际，尽管这只是一个关于立面和周遭环境控制的版本，在中国山水画家看来，一定认为只是个粗浅的初级版本，因为“如画观法”所走进的，不是一个简单的立面和环境，而是一种生活世界的境遇模型。当我说“模型”这个词时，是说其内在关联，但不是一个抽象概念，而是带着它所有的尺度、质感和身体能感知的物质性，我不敢确定的是，王欣谦虚地说受我启发，但“模型”一词在他那里是什么含义，或者说，是否具备从模型返回生活世界的路径与能力。

2.“它让你进去”，我在2000年前后的文章里写下这句话，如何观园，如何观山水画，尤其是宋画，如何讨论我的建筑经验，这都是关键的一句话。换句话说，当我说园林的方法意味着建筑是一种只有进去才能真正体会的经验，一层又一层的经验，没有高潮，没有开始和结束，我说的就是这个意思，因此，外观是次要的，甚至造型也是次要的。以王欣所带学生作业的内部复杂而言，我的这句话肯定影响了他，但我想他或许仍然过于关注造型了。这种认识需要时间。

3.“如画观法”如果作为一种设计方法，它的一个核心要素就是“视线”，我最早关注建筑中的视线关系是在1985年的皖南乡村旅行中，总觉得无法找到一种画法可以描绘我对那种空间密度的体会，或称之为被空间笼罩，在空间之中的那种意识，我在一周无法画出一张速写之后，突然发现立体派的画法或许可以帮助建立这种理解，于是就画了一批毕加索式的变形速写。但是把在空间中的感受和在空间四周的徘徊建立起一种关系，则是在1986年，我通过阅读阿兰·罗伯－格里耶的小说《嫉妒》而被唤醒，在那篇小说里，自始至终没有人出现，只让读者听到有汽车经过，停下，一会儿又开走的声音。读者意识到阳光在屋子里移动，最终你突然意识到是有一个人嫉妒的目光透过百叶窗在向内窥视。在无人出场的情况下这篇小说成功建立起一种现场的精神气氛，我突然意识到这是一种不同的建筑学意识，这种视线的后面没有所谓深度叙事，只有一种事件叙事，我当时还没有意识到这种感觉和观看山水画及游园的经验如此相似，那种意识的形成要等到1997年我开始阅读童寯先生的《东南园墅》之后。

在王欣的文字与空间图像里，我们同样可以看到这种视线的作用，例如在那个和曹操、吕布、董卓、一张四柱床与一个月门间的视线与空间的关系，但王欣的视点的特殊性始终在于他对民居木雕构件上深雕叙事手法的迷恋，那是一个被故意压扁的空间，由于所有故事都同时呈现，就等于几乎没有故事，关注的重点在于明知道没有悬念，但是特殊的空间扭曲转折仍然让你觉得趣味横生。我曾经讨论过一种反纪念性，反所有正统建筑学的小品建筑学的可能性，王欣如果一直坚持这样实验下去，一种特别和明清味道有关的小品建筑学似乎是可能的。

4. 这种木雕或笔筒作为一种空间范型的凭借物固然非常有趣，但王欣的语言提取完全是抽象的。这和我的做法有本质的不同，对我来说，材料永远是第一位的考虑。从王欣所带学生的作业看，可以说把童寯先生关于没有花草树木只要建筑有足够的曲折密度仍然可以称之园林的洞见演绎到了极致，而木雕笔筒作为直接参照物使得空间切割和构件密度更加密集，但白色模型使我们只能猜测其材料可能是混凝土，或者砖砌刷白。这种做法作为二年级教学的阶段做法可以权宜，作为一种实际的建筑做法显然是过度形式化的。不过，在中国建筑界严重缺乏内生形式的状况下，任何这样的形式探索都需要，像王欣这样锲而不舍的探索就更需要。

5. 建筑形式过度模型化，显得有骨骼没血肉并不仅仅和材料意识有关，它也和空间的距离意识有关。我曾经把明代谢时臣的那张《仿黄鹤山樵山水图》作为象山校园内的新作“瓦山”的思考原型进行分析，特别强调其中部描绘的差异性事物的密度作为一种世界观的力量。王欣也在文章中分析了这张画，也特别分析了这部分，有意思的是，他认为这部分直接可以看作园林的内景。他的敏锐使他看到了一个侧面的真相，的确，那部分是“人力”（见《洛阳名园记》）的结果，但我从不满足于这种还原性的视角，在我看来，至少有几点更有意思：（1）那个屋子极度简洁，那个人被茂密的自然事物所包围；（2）如果是沈周先生，那个时刻就是半夜，极度安静；（3）整张画是山外观山，是远观，中部是山内观山，是近观平视，很近的距离，下端就是俯瞰，或者说，不同距离的观看与经验都可以压缩在很小范围内实现，或者说，观山水画绝不仅限于三远法，与其对应，还有仰视、低平视、俯瞰的三种高下变化，还有内外进出的开阖关系，还有笼罩其中，几乎无法表述的感受，早晚，四时、阴晴，有人、没人，人多、人少，等等。对建筑来说，这种做法就太有用了。远看如果只是形式，近看就必须有血肉毛发质感。当然，对建筑的这种体会，是一种逐渐形成的经验，它需要时间的滋养。

王欣在这本书的第一篇文章里写到那句诗，“侧坐莓苔草映身”，我至今记得那个时刻，他走进我的工作室，那张写着诗句的纸条，我儿子写的，笔迹稚拙，就在桌上等着他。他的到来我等了很久，也特别高兴，因为二年级终于有人可以主讲了，我可以把精力转移到其他年级去。一种中国式的建筑基本语言教学，就只能这样一个一个年级地去做，急也没用。

目录

侧坐莓苔草映身

九年前第一次见王澍先生，同游苏州园林。后一别六年，只间歇偶见。三年前，我迁家杭州，去业余建筑工作室拜见先生，与他坐下吃茶。桌上躺着一张小小的宣纸条，上面写着：「侧坐莓苔草映身」

唐代胡令能诗中的一句，是王潜小朋友用毛笔抄写的。

面对着这一句诗，我们聊了起来，聊得十分的设计，十分的建筑学，但是很短，大约只有十来句对答。仿佛禅宗的参话头，看似几句，却似乎是一种循循温和的携游，指向实在太多。

之后近三年的教学工作中，总有这样的问答，或长或短，三言两语，杂七杂八，断断续续，但都被我不自觉地归到那句诗的名下了。于是，不知不觉的，围绕着这句诗，竟然密密地织起一张网来。在我看来，这场对答好像一直没有结束，亦没有结束的必要。

我且把这张网展开，一段历时的只言片语杂拼编织的应对琐忆——

周遭、坐姿、面向、眼神不变的高士图

莓苔

长满莓苔之石，仿佛一个建筑的基座，一个带着历史与时间的基座，莓苔是建筑的一部分。

莓苔之石，是建筑要做出动作与姿态的第一步。如裙摆，事先的一种攒劲，是要生出下面的一个动作。

它给出了一个铺垫与背景。好像一个建筑要摆到一座山上，整体地理解，它们是一个东西，山是建筑的下半部分，上面的建筑是上半部分，或者是一个局部，是那个出势的东西，是眼。

画有画眼，诗有诗眼。

建筑是山眼。

这个基座，是可以把它看成一个自然物的。依靠这个，可以做一些有别于“建筑”，不同于“建筑”的东西。很多时候，复杂性来源于下面这个台子，建筑反而比较简单。

山总是不同，而上面那个建筑往往是类似的，而这导致整个的大不同。所以计成说，山林地最胜，几乎可以不假以人力。

这个台子，常常代表了视野，某种观法，进入方式。

这个台子是前序，也是氛围与借托。

这个台子便是山的异化与简化，山是建筑的前序。以前的山门，过了山门，要有一大段山路，才登堂入室，而气氛早在进屋前就被奠定了。

这个上面与下面，其实就是前面与后面，外面与里面的关系。

只是说成上下方便。

这似乎是中国人自设的一种建筑周遭，下部给了上部一个语境。

也给了一个机制与天赋。

侧坐

是建筑的一个姿态，它赋予你一种看法。

建筑应当有自己的动作，但不可以只理解为外在形态。建筑动作是送人，引渡人的关节与指看，是带有节奏和关目的。譬如游廊，那个是路径的强化与凝固，是送人渡去后的残像。

在山水画中，建筑常常用来“足人之意”，某种程度上它代表着人，人的在处、去处，看哪里、关注哪里，等等，暗示着画中人的境遇。所以，画中的建筑，不是作为房子那么简单的。它在提示你，提示你的处境。因此，它的动作便应对着人的状态。

这样的动作，更多是对内而言的。

因为山总是要进去看的，还要从山里往外看。

那些有意思的看法，可以认为是山特意赋予人的。

所以山水，恐是个巨大的异化了、自然化了的建筑。

建筑与基座保持了一个特定的角度，角度会带来阅读方式的改变。斜向阅读很有意思，它可以彻底瓦解既定的经验。

我们经常说的经营位置，不仅是摆放的问题，更是建立一种阅读方式的构造设计。童寯先生说的“斜正参差”，不是简单地转个角度就行了，而是阅读方式的改变，以及因为阅读方式引发的构造设计的改变。

一个村子，有几种走法？同样一个村子，游走经验可以是全然颠覆的。

斜向，但是一定要有意图。正如明清传奇插图中那特殊的构造方法，要为一个特殊的叙事服务。

侧坐，不是正面，也不是侧面，是一种类似七分面的角度与姿态。建筑如人面开法，本身存在一种遮掩，是含蓄的，有情态的。但表情通常不独作，要看周围。

一个建筑想象着把自己处于一个“转角”的语境之中，带动周遭。这个时候，庄严的问题，正面的问题，就不存在了。

这个容易理解，你是愿意面对一排面对着你的人，还是喜欢待在聚会散漫的人群当中；是喜欢正着面对面说话呢，还是三五几个，前后左右，边游边聊。

斜向，似乎是一种关系表述的突破口与爆发点，也是制造敏感的挑逗与撩拨。

以棱、角、斜面应对周遭，引动周遭，那么整个群体就变活了。

如此，我们不得不借助的几何语言，会不会在这种关系中被削弱，或者就没那么在意和刺眼了，能成为很积极的东西？

这其实也在回应绘画中的历时与共面的问题，正面与侧面的信息是不是可以同时被暴露，内与外是不是可以处在一种模棱并置状态中？

这是有关时间与运动的观法。

但最后的呈现应是个常态才好。

草映身

最后三个字，建筑与周遭相互映射，与自然相见。

好比松荫映衫，顿然赋予了一身纹章毛发，感受是如沐春风的焕然。如同被自然穿透，那个人那件衫，直接被周围所浸染，似与松林草石同时、同古。

浅草没屐。

人面俱绿。

自然上身，便是时间上身。

形影相照。

相互染性。

建筑永远有个对等的自然物，要与它相见。

定是要同在的。

侧坐莓苔草映身

一个黄发垂髫侧踞池岸，注目游鱼。

一个青衣山人斜倚山林，抬望泉壑。

一个属于我们自己的建筑图式。

一个最简图式。

侧坐莓苔草映身，是随手拈来的。引发了些看似随意的对话，延绵三载，还在继续。

我赞同胡兰成的说法，这种聊，就是一种生，一种对设计思考的自然催发。它囫囵于嘴边，如白驹过隙，握手已违。应着时，应着景，随着机遇而生发，带些许机锋。而在这话语去时与来时的间歇中，仿佛有着巨大的空间，飞驰过那么多生趣的设计念头，此起彼伏，如花开花落，但那信念的大枝，一点没变。

侧坐莓苔草映身，也许是一个蓬头稚子的坐姿，但却是坚实的面向自然的诗性态度。

我想，有这句诗在，文人传统应该不会断。

读画构造

传统中国山水画，是一个周遭世界。所谓周遭，就是置身其中的、内部的方式，是交混的人与境，难以择清。这个交混方式要以画的方式呈现示人，而观者未必不是画中人。

我感兴趣于这种视野的构造，它以「观看」的方式描述了人之「处境」。我试图分段，可它们却是连绵无尽的，周游之后我更愿意待在那个当口，一眼观去。

1

段落

脚，腹，头，榫卯对视

传统大立轴表现视野与经验的方式，通常是垂直方向上的铺陈，这是尺幅形式沉淀下来的程式，因此远近层次的表现及视野的控制，就是段落的分解与构造。

范宽的《溪山行旅图》（图 1），很明显的三个段落，看似自然，其实有些怪异，这里存在几重视角的转换：

第一段：等宽的水岸横陈眼前，正中置巨石一座，其突兀位置，似乎撞上鼻梁，当面一石，如阻前行，视点接近人的高度；

第二段：翻越此石，视点陡然抬高，视角变大，俯瞰山石夹涧，尺度显然缩小，对象远去；

第三段：在不可测的蒸腾云脚之上，一个巨嶂拔地而起，占去画面三分之二，如人之收腹，垂头，压将下来，于是我们仰观。

三个段落，完全不连着，中间皆以水或者云雾隔开，可以各自独立，也可以两两组合：上段与中段，中段与下段，切割之后都很完美，皆可成画。此图的几重视野，低平—俯瞰—仰望，以一种分离的方式嵌合在一起。前景与上（远）景落墨极重，中间反而是一种悠远繁密的虚画法，导致视觉急剧退后，使得整个画面空间在中部形成一个巨大的视觉陷坑。虽然中间细节构造很多，其意图却在缩小尺度，以彰显中段的肚量之大。在此画中，所谓的“远”，其实在于中段，那是一个巨大的“内部”。在制造视觉纵深的同时，构造了巨嶂主体与我们极度微妙的距离感：如此清晰，历历在目，却又如此遥远。再退回整体观之，前景的巨石就是一块垫脚石，把我们递入整个场景。

范宽的三段，其职能是清清楚楚的，并无一丝多余：脚踏—视觉洼地—抬仰。人与山水发生了视觉上的榫卯关系，人的位置与视野被山水分段控制。画中的山水是有动作的，它控制着我们观看的方式。

图 1：范宽·溪山行旅图
图 2：文同·墨竹图
图 3：倪瓒·秋亭嘉树图

如平板置物，分层，之间

前景是茅屋老树平岩组合，中段大空白，上部远山。倪瓒的三段式（图 2），一般是以水来分山体，而水就是不画。对倪瓒来说，前景与远景无需发生必然联系。这是传统立轴方式程式化之后的一种极致：山水是不连绵的，而是一物接一物的摆放，如山子散布在镜面平盘之上，山是通过水的间隔来连绵的。

因此倪瓒只详写近景，中景被放弃，而远景的存在仅仅是为了让上段有一个常理的收束，为了确认中段水面的存在，为围合中段而存在。

倪瓒的三段，固然与其久居太湖汀渚之地、视野平远有很大的关系，但是这种过于程式化的做法足可以显示，空间描述的方式发生了转变。这点，可以从宋人画竹与后世流行的画竹方式的差别中大致类观。文同的竹子（图 3），浓淡表现的是竹叶本身翻转的向背关系，正面与反面的色质差异。一棵竹子，扭转向背，是连续不间断的空间。宋代的“生物学”十分隆盛，我们翻看两宋大量的“折枝小品”便可感知，是格物致知的求理表现。

2

3

而后世的墨竹画法（图 4），常常是把整体对象（或言画面空间）进行分层，对象压缩为平面，空间断为层次，墨色浓淡表现的是前后层之间的距离。也就是说，对象不再连续，而是间隔的了，空间是几个平面之间的关系，连续转为之间。

4

飞渡，契错，倒悬，处境难断

段落的程式化，结构左右差互，如抽屉般，似乎可以任意取用调换。这为组合裁拼提供了自由，宋以后的文人绘画，常常如斯法练习，董其昌就玩得很出奇。

《仿黄鹤山樵图册》（图 5），空白的水面，成为真正的空白，已经成为一种随意构建段落之间的绝对理由，也是裁剪与拼合的痕迹。三段处在真空状态的山体，混搭一起：

三段，皆是“飞来峰”的状态，不落地，不生根，不稳定，地平倾斜，大山各自飞渡而来，相互契错，有的倒悬。原来悦人赏心的山水，在董其昌的手中，变得如此不安与焦虑，诡异奇绝，仿佛梦中所见（图 6）。这带给我们的是一种陌生的突如其来的视野：

原本高远的构图，似乎如大洞内窥；

原本安静的山水，像是具备了几个方向的速度；

原本符合经验的远近高下，似揉面团般的纠结难辨；

原本一种“在外观看”的状态，似乎陷入众石压顶的间隙内部。

连绵

剥离，展开，褶皱

文徵明惯常作十分瘦高的立轴山水，宽高比例一比五、一比六，都是常有的。这类立轴描绘的对象常常不是居中的实体山，而是一条夹沟，山是位于两侧的，是对这条沟的限定。（图 7）

宋人的山水并不远离人的正常观看。明人的绘画画的主要不是视觉，而是经验。是进山，缘溪行，行至山之深处的经验积累，带有时间的推移。此类画法，是把纵深关系以垂直铺陈的方式来表达，画面中屡次出现的人，有可能是同一人。

经验的画法，并不是一观，而是要表现时间与空间的连绵，是层出不穷，不断地涌现。

我们说的“涌现”，是画中山水事物对人的涌现，是以主动展开的方式层层自我剥离，用以示人。古法方式是用类似“三角形母题”的阶推，而后世则变为褶皱，阶推几乎静态，褶皱骤增了容量，改变了方向。

5

6

7

图4：高克恭·雨竹图
图5：董其昌·仿黄鹤山樵图册
图6：董其昌·石田诗意轴
图7：文徵明·仿王蒙山水图轴

皴，表面的连续

段落在王蒙的绘画中，已经难以分辨。

《具区林屋图》(图8)，湿墨繁笔，麻麻匝匝，混沌一片，几乎到了淤塞的地步。我们读王蒙的绘画，已经不再计较空间为何物，因为笔墨第一。其皴法，谓之“解索”，谓之“牛毛”，繁密连绵，无尽纠葛，以至于山体的脉络走向，不好判断，却始终是连续的。

这种连续，是表面之间的连续与关联，披折与皴法已难以作为体量的支持与交代，而多数服务于矛盾空间的过度构造。这使我想起了太湖石，体积无法测量，空间难以形容，正侧不易界定，大小随意想象……只有表面的连续构造，褶子万能，对王蒙及其追随者来说，没有不能成立的山。

《具区林屋图》不就是一座湖石大假山吗？

同时它更是一座大假山的多面的断续式的折叠画法。我在教学时常常戏言，它像是在尽力描述一块陈年抹布的形态。

它层层展来，如浪翻糅，宛如一张巨大的风动幔帐。

一个基于表面的无尽空间，山还仅仅会是人的对象吗？

抛入，裹挟其中

沈周的《雪山图》（图9）特点在于，构造取景很窄，很近，由此造成相对闷塞的效果。这种闷塞的效果使得视觉的变化剧烈动荡，忽远忽近，忽通忽阻，一会儿大片水面，一会儿磐石当前，一会儿平远疏朗，一会儿坠入深涧幽滩。闷塞将你包围而静定，而出口皆有指向与暗示，让你念想不断。

《雪山图》里少有完整的事物，没有痛快的视野，但“残山剩水”的方式并没有带来一味的憋屈，而是扩大了经验，它们依赖与边界的敏感关系，吞吞吐吐，一种撩拨人的方式。

有人说这是一种剖面，我不这么认为。剖面是静止的，止于外在的观看。而此画的组织，是“斜正参差”之折叠层次法，因此是多重视野的糅合，是把各个方向的经验综合起来的画法，我们难以确定观者的位置，因为从一开始我们以惯常的长卷视野被带入之后，最后发现其实是处于运动中的多方向穿梭其间，它把你拉近推远，并且扭转了你几次。因此，我们不仅是在外在地观看内部，同时又被顺势抛入内部，缠裹其中。

沈周带我们回到了人的视角。

萧云从的《黄山松石图》（图10），连续涌动翻滚的松石，淋漓恣情肆意，一种极度壅塞的裹狭，几乎让人窒息。那几条被挤压成细缝的山道、溪泉，几不可见，唯有松枝间的些许罅隙可以呼吸。他在题款中有这样两句：“巨石压松成偃盖，喷泉涤根几百载。”这种超近景的密集状态描写得很真切，巨石壁立，松干为柱，枝叶为盖，泉水时隐时现的趵突，走的全是孔隙，俨然是一组房子。我们不禁要提防巨石迎面撞来，不禁要矮身撩开松盖，欠身游走于壁石与松柱之间，腾挪躲闪，罅隙窥望。

特殊尺幅形式和与之相适的画中事物共同构成的“景界”，最终把“身体性”赋予“观看”。

图8：王蒙·具区林屋图

具区林屋
叔明为日章画

当口

山脚摄魂

李唐的《万壑松风图》（图 11），前景与中景完全重合，满满当当，占去了全幅的四分之三。拍平在一起，近乎一种立面的画法，加之墨色浓重，黑荫荫的一大片，唯有溪流、树干留有弱光，上部天色云气皆是绢色，昏昏微亮，如夜山的气象。

原画纵近一米九，横近一米四。此类巨幛，原来多为大座屏风，或作定向背景，或为分屋影障。站立画前，视野全部被画覆盖，氛围笼罩，墨色阴翳，能闻溪流声响，能嗅夜色弥漫，能体察暗暗的凉爽，能围尔周遭。最前面一大块磐石，位于你的膝下，令你要抬步踏入，撞入其中，融入这夜山。

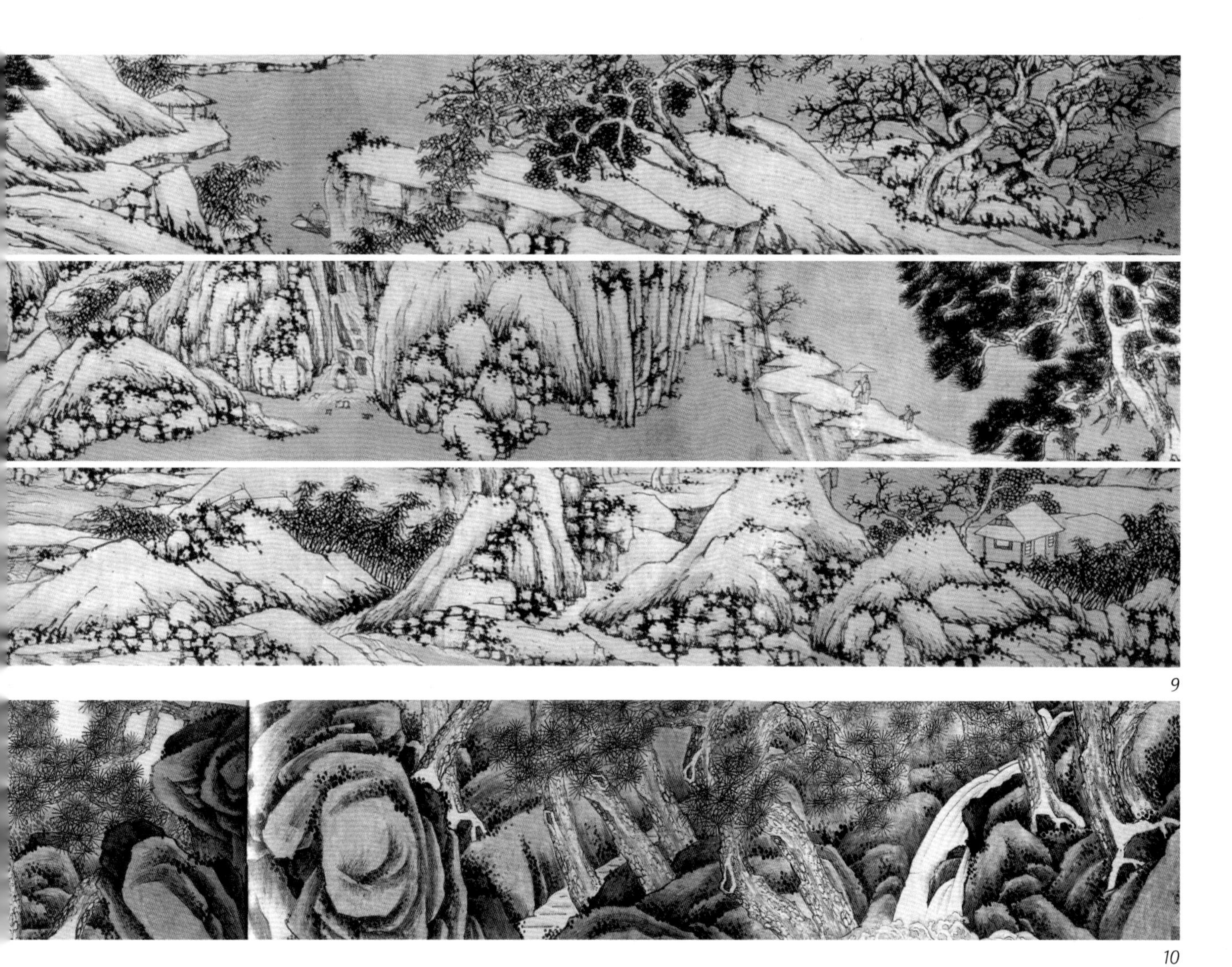
9
10

图 9：沈周·雪山图
图 10：萧云从·黄山松石图

李唐比范宽的高明在于，不画高，只是详写山脚，就把你的魂摄了去。未山而先麓，截溪而断谷，远山是提示性的。在山之水口观山，一个入口，你就傻在那里了。

周遭，坠入山林的怀抱

谢时臣的《仿黄鹤山樵山水图》（图 12）中的视野是奇怪的。我一直怀疑其近景与中景作为自然山水的真实性：如此密集繁杂，其山石组织，建筑物之穿插，平台家具之摆放，类型一应俱全，俨然如居家陈设之致密。整个碎碎叨叨的，并无大山之气象，倒更像是对自家园林的内部描写。这个带有明清色彩的园林，墙外接着连绵的远山。

这个造作的近景不同于经典的作为桌面案山或者遮挡的画法，而是包围式的，读者的状态是

11

12

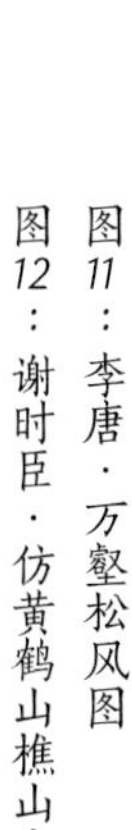

图11：李唐·万壑松风图

图12：谢时臣·仿黄鹤山樵山水图

在山的内部，在山肚子里仰眺着远山。这正是园中造大山的做法“未山先麓”：详写山脚，隐去山腰，复现山顶。山脚，其实就是周遭，是包裹性的。

由此，想起沈括批评李成不循画理，以大观小却“仰画飞檐”。这种做法如同佛教经变壁画中常有的巨大“反宇”。反宇的方式，确认了观者的位置。观画的方式，不由观者决定，而是由画本身的画法所定。我们说的画界，不是画的边，而是画本身呈现给读者的观看方式，这个界限定了你的观法，是为“眼界”。

传统的山水画，都有主动打开的意识：为了见中景脏腑，前景压为俯瞰，如书桌案几一般，远景维持仰看，于是中景出现巨大的视觉陷坑。为了现山中之人事，山体外翻，如同打开巨大的门扇。正面侧面，甚至背面都被展示出来。再看那些山中的建筑，常常是空透的状态。甚至当次级重要的人物需要现出时，常有位列首席主人之左而非其右的；全随展开的方向而定。

这是开怀开襟的姿态，似乎有悖造园常规。但山水与造园并不可直接生接，一张复杂的山水，人并没有进去，却能“不下堂筵，坐穷泉壑”，人亦不一定要求循着画看，甚至一观即可。这是因为绘画早就设定了观法，山水似长袖善舞，揉开展开，翻动着给你看。所以说“山水自来亲人”。对于园林来说，人是要进入的，而画不容人真的进入，那么画就有必要来裹挟你，成为你的周遭，替你俯仰，替你四面八方观。它像张着大口要吞噬你。

“开门见山”，恐怕这个词的意思并不是移山的愚公家门前，那直接顶着面门的实体大山；而是，当推开门的时候，自己已经处在山的内部，被松荫映衫，溪泉扑面，兰草没屐，坠入山林的怀抱。

13

图13：萧云从·学洪谷子法册页

图14：仇英·竹高士图

一个巨大的断面，两个世界的对望

萧云从《学洪谷子法》册页（图 13），其构造带有强烈的传奇木刻插画的意味，取近之截景，无天无地（倒不是真无天无地，而是被转移了）。主体山石由上悬挂而下，有烟云遮绕，以无根示其仅为一角。下端有松顶经幢冒出，中间留空，是为拉出隔绝尘世之距离感。主体悬壁山石被撕开一个巨大的断面，那边有一个异域世界。

断面，是一个情色的当口，招引着两面。它是一个破之境遇，它使得平素的人与事件在特定的界面上偶遇，变得那么的不寻常。

断面，是一个破境，形成两个世界的伫望。

交混的当口，观法的残余

最近在设计课上一直谈论关于槅扇之于“观法”的意义。

有一次，同事周简示出一张仇英的扇面，《竹高士》图（图 14），共飨与我。

老扇面有很明显的折痕，并且打开不甚平整，波叠的折痕如同传统厅堂之大槅扇并排展开，我们透过槅扇看里面扇中的世界，这排“槅扇”建立了中间的一层遮罩，确认了观者与扇内世界的关系：我被置于一个建筑立面的当口。

细密的竹竿遵循着扇形的地平线，环形摆开，几乎与折痕交混，上面竹叶低压，只有前景，在被置于建筑当口的同时，亦被抛入密林丛中。

“折痕槅扇”提示着你的处境：这个雅集场景，你不能进入，你只能扶着门框，踏着门槛；你处在一个内外交混、难言左右的当口。

槅扇，似乎总是向着庭院。而在内部世界足够丰富的时候，槅扇的意义落入两难：内与外，它为谁而存在？

我想了很久：

它应该是向着内部打开的。这个槅扇是邻居被拆去之后，留下的曾经观看它的痕迹，是观法的残留。这个槅扇提醒我，我处在曾经的邻居的位置上，我以曾经邻人的目光在看着它。

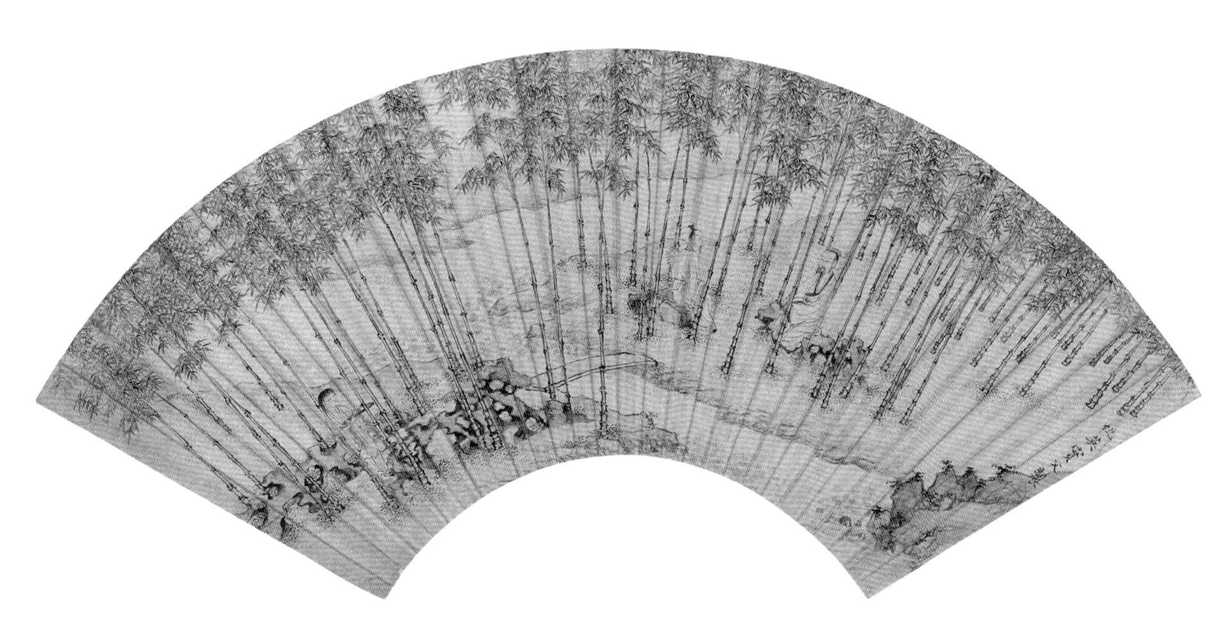

14

类型的练习

- 山肚仰山
- 沟壑两厢
- 劈视两看
- 飞来错峰
- 壁挂空悬
- 镂山剔骨

所选作品设计者：朱栩宣、叶冬松、李诗琪、那荣鑫、彭蕾、季湘志（中国美术学院建筑艺术学院 2009 级学生）

指导教师：王欣

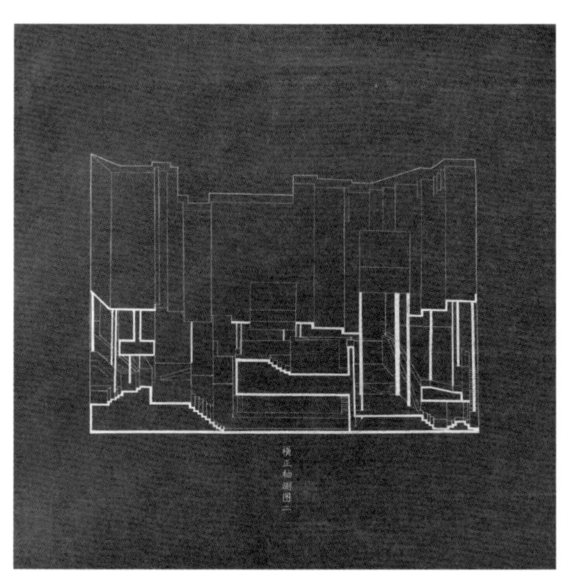

山肚仰山

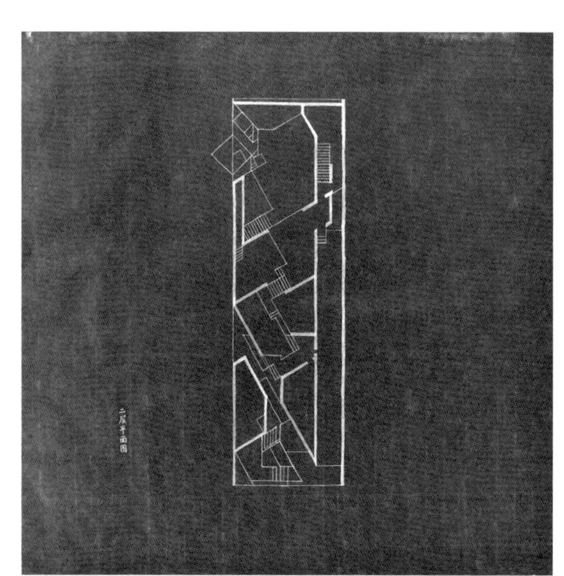

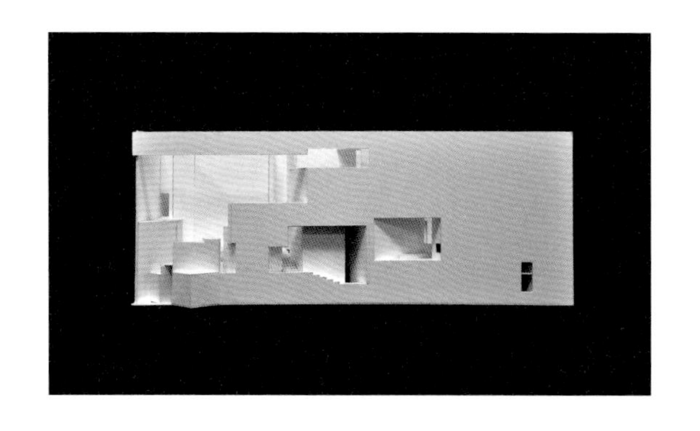

沟壑两厢

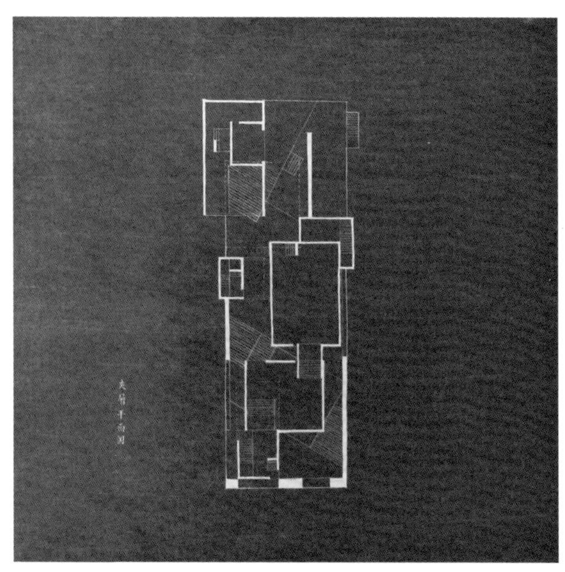

壁挂空悬

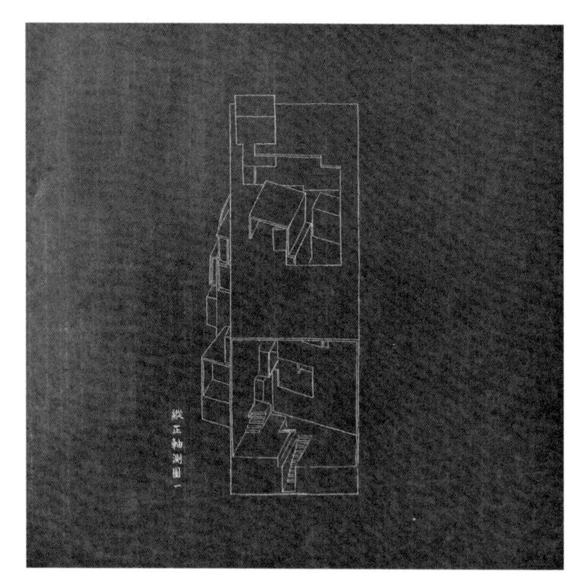

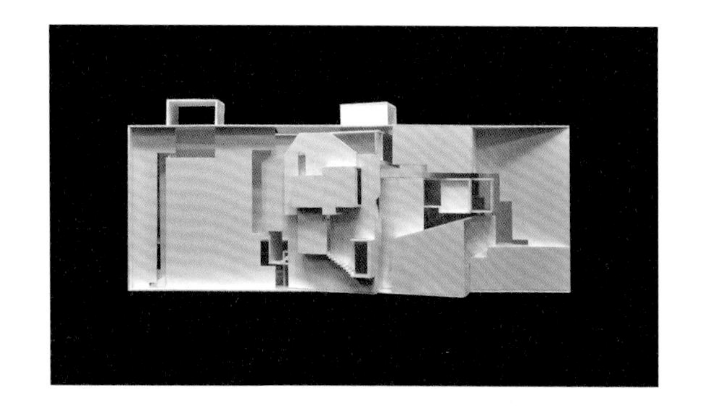

镂山剔骨

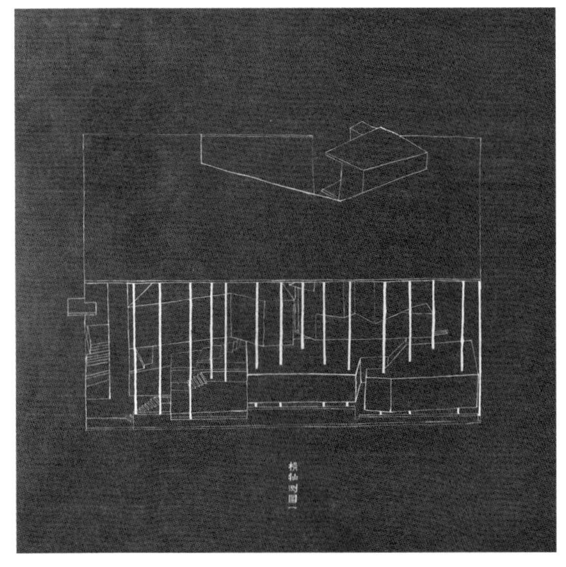

劈视两看

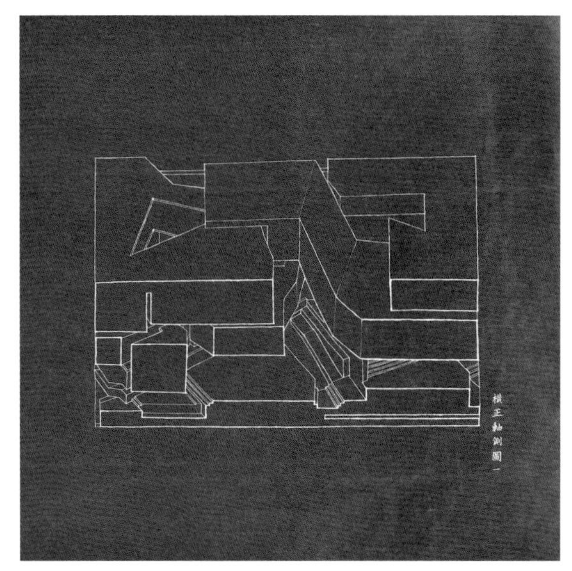

飞来错峰

建筑需要如画的观法

在园林中，是建筑物而非自然物主宰了景观。这并非城市空间密集的结果，而是文化发展取向使然。园林，是如画的，出于诗的，不是对纯自然的复制与照搬，而是内心世界与自然的比照，是对自然的重新分类与心理设想。园林建筑，师法自然，却并非作为自然的附庸与模拟，它以一种人化的、文化的方式在表演自然，叙述自然。

画中山水，是胸中丘壑。画是一种异化的自然，这种自然根植于地域的文化结构中，它不需要去看齐谁。「如画」的重提，是对「师法自然」的重提。「如画的观法」，将帮助我们观到建筑学的中枢，我们自己的诗意「几何」。

为什么「没有花木依然为园林」？

这可以认为是童寯先生给我们的设问，当是上联，我仰对下联：「因为建筑在言山水事。」

遮罩，诗眼

香烟，袅袅遮罩

从口袋里掏出一包烟，取出一支，寻着打火机，啪嗒啪嗒点上。翘起双指，眼睛注视着火头，迟疑间嘴里释放出一股青烟。未几，你我之间便腾起一层烟障，袅袅不散。我们之间变得模糊了。隔着这个障子，我们相互虚视，揣测着。手夹着烟，不自主地递到唇边，眉间微锁，这个动作掩饰了我内心的不安。手多余地弹着烟灰，短短的十几秒，仿佛一个巨大的空当，一连串的动作掩去了我无准备的慌张，烟障遮盖了不自然的表情，火头占住了不便直视的眼神。在这个空当，我调整好了。于是，十分自然地咳了一声，裹挟着这烟云，比划着那支烟仿佛是麈尾，大侃起来。

整个过程，我释放了一个遮罩，一个具有礼仪色彩的遮罩。那个遮罩，使得你我之间变得如此的不真切，如同那团不可捉摸、不能定形的烟云，是一段未知的时空，氤氲着一些个可能。那团烟云反使你陷入不知所措的冷场拘谨，而我在这时却已经完成了心理的准备，事件都会在这点烟之后发生扭转。

利用好烟云这个遮罩，就是长袖善舞，就是垂帘听政，制造一个非常规之下的你我关系。所有礼仪化的动作，拈花、茶事、点香等，都具备这种遮罩的潜质。

迷远

郭熙的“三远”之后，韩拙在《山水纯全集》又增一说：“郭氏谓山有三远，愚又论三远者：有近岸广水，旷阔遥山者，谓之‘阔远’；有烟雾溟漠，野水隔而仿佛不见者，谓之‘迷远’；景物至绝，而微茫缥缈者，谓之‘幽远’。”

郭熙的“三远”，有关于图像中的物理空间表现，差异在于视点与视角的分布，以及层级构造界定清晰。而韩拙的“三远”中唯有“阔远”与郭熙的基点相同，至于“迷远”与“幽远”，具体空间的构造已经全无，空间的感知全倚仗“空气”的稠密程度，为水汽、烟霭，或者云雾，空气是绝对的决定者。韩拙专门有一章《论云霞烟霭岚光风雨雪雾》，在关于时间、形态、位置等方面论述了他对水汽的分类以及各自改变既定空间的作用。

譬如，“且云有游云，有出谷云，有寒云，有暮云。云之次为雾，有晓雾，有远雾，有寒雾。雾之次为烟，有晨烟，有暮烟，有轻烟。烟之次为霭，有江霭，有暮霭，有远霭。云雾烟霭之外，言其霞者，东曙曰明霞，西照曰暮霞，乃早晚一时之气晖也，不可多用。”

又如，“继而以雨雪之际，时虽不同，然雨有急雨，有骤雨，有夜雨，有欲雨，有雨霁。雪者，有风雪，有江雪，有夜雪，有春雪，有暮雪，有欲雪，有雪霁，雪色之轻重，类于风势之缓急，想其时候，方可落笔，大概以云别其雨雪之意，则宜暗而不宜显也”，等等。

对空气本身的关注，在古代画论中是常见的。足可见，传统画者对空气这种无形变幻遮罩的高度重视与兴趣。云雾，能瞬间改变一切，以一种最简单的方式制造差异，甚至完全颠覆认知，建立全新且善变的表述方式（图 1）。

图1：傅山·西村夜色

城府拒人

《史记·始皇本纪》上说："卢生说始皇曰：'臣等求芝奇药仙者，常弗遇，类物有害之者。方中人主时为微行，以辟恶鬼。恶鬼辟，真人至。人主所居，而人臣知之，则害于神。真人者，入水不濡，入火不爇，陵云气，与天地久长。今上治天下，未能恬淡。愿上所居宫，毋令人知，然后不死之药殆可得也。'于是始皇曰：'吾慕真人。'自谓真人不称朕。乃令咸阳之旁，二百里内，宫观二百七十，复道、甬道相连，帷、帐、钟、鼓、美人充之，各案署不移徙，行所幸，有言其处者，罪死。"

汉宝德先生就此说："原来造这样大的园子，建这么多宫室，复道相连，不过是使大家不知他的所在，以便于他求仙。那些妄言神仙的骗子，还用恬淡这样好听的字眼，来促成秦始皇建造迷宫式的园林，与臣下捉迷藏……"

园林就是园主的巨大的遮罩，你过了街巷，叩开大门，管家几番询问后，关门进去通报，而你只有门外等候。多时才门开，引进来，穿房绕廊，跨院过厅，阴明交替，门楹转折……你早已是头晕目眩：这何其深远也。那个主人，仿佛住在一个不为人知的概念深处。行至大厅，被告之要等。良久，主人才从偏门怏怏现身。此时，在这曲折磨人的序列的尽端，你被这个冗长的遮罩征服了，园主如此深远莫测！接下来，便是来时有再大的勇气，也多半是唯唯诺诺，不敢正视。（图2）

迷宫般的园林，是一个诳人的超厚面具，它隐匿了园主的性情脾胃，使其变得不可知而神秘。它更是一个玩弄人的魔掌，使人在一种建筑的序列中被拖累、调侃、打击、消耗、震慑……将之对宅园城府的感知氛围，深奥迷幻的层级建构投塑于人的构造，异化、神秘化了对象，拉大见者与被见者的距离，建构一种有关权力的心理等级。在中国，"城府"，是以一种特殊的建筑序列投向有关于人心面具的形容。

开阖风景，诗意的诓骗

大约在5世纪的南齐，文惠太子就实验了可匹敌“大地艺术”的巨大活动遮罩，不过他的动机是被迫的。汉宝德在《物象与心境》一书中，如此写道：“这位太子喜欢宫室、园林之乐。‘其中栖观，塔宇，多聚奇石，妙极山水’，因恐皇帝看到生气，乃‘旁门列修竹，内施高障。造游墙数百间，宜需障蔽，须臾成立，若应毁撤，应手迁徙。’他所发明的动态的园景，主要是‘游墙’，用来遮蔽外边的视线。”

这里的“游墙”，童寯先生翻译为“folding walls”，就是“折叠墙”。文惠太子以这种机巧的活动遮罩，迷惑了他的父亲，使他的园林无法被完整地观看，隐藏了“壮观”。

但是，我们不能简单地认为其游墙的功能仅仅是遮挡，他的父亲亦不傻，完全的包藏一不可能，二显得过于虚假。我想，游墙的用处主要是：“控制性的游走”与“控制性的观看”。通过由游墙设定的特殊路径机关，使得宫室不再突兀明显，并在特殊节点以“有限”观看的方式，再作适度遮掩，还是要让人觉得自然，而不是刻意。所以，这并非工地的围障，而是诗意的造园手段，是精通视野构造的高手所为，组合的一系列诳人的镜头语言。

这笼山络野的游墙，是应手变幻的固态云雾，裁剪山水，开阖风景，重建阅读方式，太子的父亲恐怕出入同一地方多次，自己却未曾察觉，对位置完全失判，不分远近，不知高下。当然，这又不同于乏味的迷宫，它是一次春游般的赏心悦目的欺骗。

山水宫室，未见得那么重要，那套镜头般的游墙是决定性的，差异在于“游观”的方式。那么，什么是对象的本质呢？究竟有没有事物的本质呢？

变形的房子

圆镜的绞合

清中期的五彩瓷盘，曹操刺杀董卓，被吕布撞见的一幕（图3）。这是一组极不寻常的建筑构造方式：

房子十分浅薄，如同一个神龛，全然打开；

桌上圆镜照向庭院，董卓如何见得？

圆镜距曹操甚远，却映得其满脸；

庭院右墙恰好一个圆窗，吕布正好现身撞见；

圆窗墙面为弧形，如果是廊子，则将拐走。

神龛般的房子，地砖完全是平面的铺设，与屋内家具陈设皆不在一个视角。是以一种“倾露”的方式在主动地显示屋内信息。这个屋子要成为庭院的延伸，因为庭院是曹操所站立之地，是所有关系的枢纽。桌上的圆镜与其说是让董卓看到曹操，倒不如说是为了让观者看到曹操，以强化董卓与曹操之间微妙的视觉联系。巨大的圆窗，是给吕布的现身创造一种突然感，仿佛极为偶然，却很关键及时。那个圆窗，更像是一只巨眼，照向那个事发的庭院。弧形的墙角，暗示了拐走的廊子，强调了吕布发现此事的偶然。此外，我们还注意到，董卓睡觉的房子与吕布现身的圆窗廊子，在整个画面中构成等腰之角，正好包围曹操站立的庭院，三者各置一方，构成一个关系的三角。而更有意思的是，整个事情又在一个旁观的圆镜——瓷盘之中，这是一组勾连关系的圆镜。

三角关系，三个圆镜。这是极为布景化的场景，所有的空间构件皆为事件所驱动，做出形变与位置调整。空间的关系是事件关系的承托与强化，建筑为事件而预设，而最终又推动事件，激化事件。此类语言，是典型的明清传奇版画的语言，但如此敏感与激烈的却也不多。这是制作者对于“交汇瞬间”的理解，为的是那一刻。

2

3

图2：迷宫般的园林

图3：清·五彩磁盘《三国志》

4

图4：《金瓶梅·丽春院惊走王三官》插图
图5：《二刻拍案惊奇·甄监生浪吞秘药》插图
图6：《警世阴阳梦·青楼夺趣》插图

变形的房子

明清传奇插图版画，其实就是戏曲场景的画面版，带有强烈的舞台意识与布景语言。画面呈现的空间与事物，皆不自主，也不自持，皆有其强烈的表意意图。因此几乎没有一个建筑或者空间是以正常的方式出现的，因为它们压根不是主角，而是布景，布景的意义在于对叙事关系的承托与催化。

《金瓶梅词话》中“丽春院惊走王三官”一章插图（图4），“之”字形的褶皱斜角构造，尽可能地把公差拿人的几种不同场景都安排了，且有显有隐，有阴有阳，节奏清晰。大致五处：第一处已套索三人，第二处为捉藏桌下一人，第三处为推门追人，第四处为庭院扭打一人，第五处为屋顶树枝上的逃脱二人。

丽春院的建筑做了两种变形：

1．整个地形斜向度折叠。为的是建立一种难以测量的、表面展开式的容量。

2．厅堂廊子化。拉高建筑高度，压扁进深，消除立面。是开怀开襟的橱窗。同时，向后转折，以建立一个三角空间（这个三角空间不等于就是庭院），交代远去的隐匿的相关事件。

类似的构造法在《二刻拍案惊奇·甄监生浪吞秘药》一节的插图（图5）中表现得更为夸张。甄监生并非死在廊子里，但此图中却因为找寻甄监生踪迹的需要，把整个场景路径化了，全以单面的折形敞廊呈现，意在指出其寻人的来去，以及所撞遇的诧异。

明代传奇《警世阴阳梦·青楼夺趣》一节插图中（图6），一个看似正常的场景，却藏着“错误”：重屋二楼，一围人闲坐笑侃。屋顶的瓦线方向与窗扇的开启方向显示的画法，与大窗洞内屋内陈设的画法，在方向上是完全相反的。界画在宋代

5

6

早已成熟，“一斜百随”的方法，画者不会不知。那么这样的意图是什么？是要获得惊艳感！

记得每次经过传统中药铺的时候，那个全素（白）极简的高墙只有一个门洞，门洞之内，一个构造及色彩关系与外界完全不同的内部世界，梁架精致，陈设密集，光线幽冥，气息隐隐诱人。这个世界细细密密被包藏着，乍泄一口，在与那个简单门洞的高反差之下，越加显得让路人留恋，两步之间，如惊鸿一瞥，一阵心动。

洞开式的惊艳，要求反差，要求空间尺度、度量标准的迥异，才有窥见桃花源的那种不真实感。《青楼夺趣》，很情色的一幕，定是要用隐匿且乍泄的方式来表现。因此，其他复杂的构造都不要，一个窗洞即可，谓之“洞开”。窗洞内要有一个向度不同的世界被暴露，才有惊现。

在传统木刻版画中，向度的不同，亦是对来路的强调，对偶发事件的提醒，对另一个去向的暗示。明代传奇《金瓶梅 · 潘金莲激打孙雪娥》一节插图中，有上下两段，斜向度完全相反的画法。我们可以理解为是对不可见面的逆转翻折，同时也是事件发生的时间与地点的差异体现。

这种斜向度的画法，在容量以及叙事的能力及自由度上，是透视图与轴测图完全不能企及的。（图 7）当然，这个是观念的问题，伯纳德 · 霍伊斯里在《作为设计手段的透明形式组织》一文中，说了一大通，最后十分费力地得出结论：“但是，在了解这一概念之后，我们可以建立一种思维，排斥‘非此即彼’的态度，愿意并能够接纳解决矛盾，容忍复杂性——正与透明性的空间组织两相协调。”他们在思想上无法容忍这种模棱两可界定不清的做法。

主动的剥展吐露

传奇木刻版画，毕竟是二维的，总还是有彻底理解它的困难。那么，可以看一下它的现实立体版本。妹尾河童的《窥看舞台》一书中，载有一个叫做《底层》的话剧布景设计。《底层》的原作者是高尔基，描述的是 19 世纪末帝俄统治下底层社会人民的生活。此剧自 1910 年始至今，在日本已演出 45 次。原作的故事地点设定在地下室的一个房间，佐藤信导演的这个版本改变了故事的地域与时间，同时也改变了它的显示方式。

《底层》，一个最小的贫民窟，七八家人的聚落状态，较为复杂的空间与邻里。因为表现的毕竟是一个村子里的活动，因此避免不了有前后遮挡的问题，以及同时发生事件的可能，还有内部与外部同时呈现的问题。为了使得剧场内所有的观众以一种全局的共时视野，同时看到前后、上下、内外，而不是切分场景的分述（图 8，图 9）：

1. 整个舞台被策划成为一个类似“山城”的

7

图 7：斜向度画法的立体版本
图 8：《底层》第一稿
图 9：《底层》舞台设计俯瞰图

8

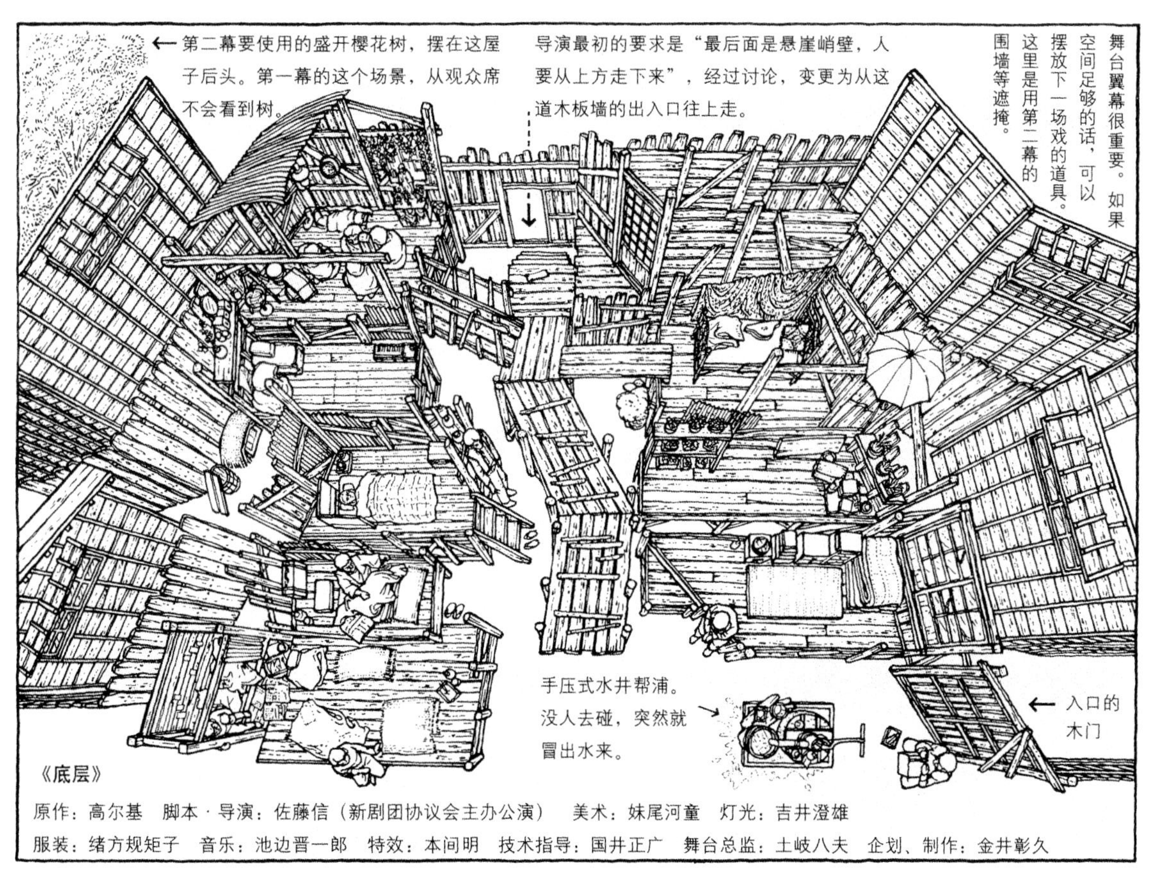
←第二幕要使用的盛开樱花树，摆在这屋子后头。第一幕的这个场景，从观众席不会看到树。
导演最初的要求是“最后面是悬崖峭壁，人要从上方走下来”，经过讨论，变更为从这道木板墙的出入口往上走。
舞台翼幕很重要。如果空间足够的话，可以摆放下一场戏的道具。这里是用第二幕的围墙等遮掩。
手压式水井帮浦。没人去碰，突然就冒出水来。
←入口的木门
《底层》
原作：高尔基　脚本·导演：佐藤信（新剧团协议会主办公演）　美术：妹尾河童　灯光：吉井澄雄
服装：绪方规矩子　音乐：池边晋一郎　特效：本间明　技术指导：国井正广　舞台总监：土岐八夫　企划、制作：金井彰久

9

状态，自最高处（最远处）到最低处（最近处），跌落六个层级，以一个公共的坡道相连。前后毫无遮挡，全显。

2．八间木平房，几乎全部掀去屋顶，以室内观的方式显露出来，成为八个在不同高度互不遮挡的大平台，仅有最高处房子留有半个屋顶，暗示这是一种剖面的视野。观众可以一视到底，但各间的领域界限都在。

3．木屋之间不设任何维护，但作了边界的围合暗示。

4．布景成怀抱形式打开，如八字屏风。边界斜向度穿插邻家高墙，做层次混淆。

5．每个平台（木屋）皆做了不同的变形处理，使它们显出差异，并相互掩映。

这是一组巨大的、为了观看而变形的房子，一组因表述需要而室内外不分连成一片的房子。这是主动开怀开襟、剥展吐露的方式，与古版画语言几乎同理：斜向度的，弹性的，反复折叠、展开与翻转。对观者，是一种包围式的、超越时间与空间隔绝的全局显示，这已经不在乎“如何观看”的问题，是“如何显示”的问题，是一种主动性的“让你看”，观看早已被决定了，是被如何显示决定了。这个“观”，是设计者的“观”。

同时，值得注意的是，《底层》这个舞台，为了“可观”，而被如此改造设计，却并不别扭。以一种“山城”的格局使得这种显示空间的构造合情合理，并不观念，也不概念。特殊的事件与特殊的表达，在一个特定的空间背景支持下，显得自然得体。正如罗兰·巴特在《结构主义——一种活动》中说道：“在这种情况之下，创造或反省并非是世界的逼真逼肖的‘复写’，而是与世界类似的另外一个世界的真实创生，但它并不企图模写本来世界，而是想使其成为可理解的。”

这一定是比真实世界更加真实的构造，而我们据此反倒是把“山水”这个事物，理解得更为透彻了。

山水画，一种建筑意味的观法画

观法

成中英先生在《易学本体论》中说：“观，是一种无穷丰富的概念，不能把它等同于任何单一的观察活动。观是视觉的，但我们可以把它等同于看听触尝闻情感等所有感觉的自然的统一体，观是一种普遍的，沉思的，创造性的观察。”

观，从来不是一种简单意义上的看，正如王澍先生说的：“看不是一目了然，也不是一系列的‘一目了然’。‘看’本身包含了认识方式，它是层次性的，其本身首先需要被追究。进而言之，深受现象学与语言学双重影响的结构主义眼中的世界是这样的：对人而言，世界首先不是事物的世界，而是一个结构化的世界，世界的结构性不是客观世界所固有的，而是人类心智的产物，是人脑结构化潜能对外界混沌的一种整理与安排，由此世界上才出现了秩序和意义。”

观，是一种结构性的看，它是有文化预设的。对于绘画而言，观，有它原本的物象之原，比例、构造方式的历史经验，所以，观是带有一种强烈的前经验图式的想象、观察、体验与表达（或言显示）。所以，黄宾虹先生在教写生的时候说：“你们看东西总是一个方法，总是近大远小，而我看东西时，心里总存着一个比例，即事物之间固有的比例。”

而“观法”是什么？

一为带有一种强烈的前经验图式的并且是创造性的体验方式、构造法，看法（解读法），表达法。

比如："在这个设计中，你有没有观法？"这句话的意味是沉重且深远的。

二指某一东西的姿态与位置在所处场景中起到一种颠覆性的叙述作用，或者其天生具备此作用的形态。比如："如此跌宕摇曳，一条很有观法的路。"又比如："在这栋建筑的逼迫下，这棵树忽然极有观法，让那树间的世界显得如此不自然的真切。"

建筑化的自然事物

明清传奇木刻版画是带有强烈的戏剧意味的表达，在这当中，所有事物好比在舞台上一般，在布景中，是不会让多余的东西出现的。清代小说《广寒香传奇》中有一插图（图 10）：

一个大开怀抱的假山提供了一种观法，整体来看，全幅就是一个叙事的剖面，那个小姐身处自家花园，却被这种"观法"推远到一个异域，仿佛是她自己的内心世界的隐藏。假山是书房与外界之间的遮罩，更是一种地域差异的语境符号。假山那矫作的巨洞：

1. 作为我们旁观窥见的窗口，有真实体验存在的可能；

2. 暗示了这个书房的出入方式，因为假山的遮掩，那个书房几近消失，只有屋脊与窗棱作了微弱的提醒，是一个假山与房子的视觉混合体，洞开假山的存在，颠覆了对书房的认知与想象，一个假山房；

3. 这是"客观化"的叙事需要的剖面做法，不那么"真切"的有撕开意味的洞口，提示了这是一个场景的剖面。

假山的意义是多重的：一、假山本身；二、地域的提示；三、提供主观与客观的不同观法。

就这个区域看，这个书房已自成一个世界：有山（假山，与建筑交合），有房，有入口水口（洞开伸向水面的台阶），有边界（假山建立地域差异），有肚膛，有遮盖（竹林的衬托遮蔽），还有人生活其中。假山，台阶，水，竹林，一个窗户般的不完整的房子，这些都是用来搭建叙述的道具。

在"观法"的视野里，各种事物都不是自持性的简单存在，而是带有强烈的叙述意图，十分具有建筑意味，且担当了很多建筑的功用，使得叙事被多样的事物分担、分权。于是变得生动不单调，作用起到了，但是意味又多了一层，甚至有了转移。当然，这与事物对建筑的象形是两回事情，差异是在叙事的意图上，其角色作用，而不在像不像的问题。

具有"观法"的事物，类似的语言，大量存在于传统的绘画、砖雕、文人器玩中。试着罗列一些：

裂涧前如垂帘的倒挂松；

被拨开想象窗口的云雾；

伫立路中央险些撞怀抱的立峰；

意喻柱林门廊的竹林（图 11）；

如门扇开启，重重悉见的片状山石；

强调人之站立位置，指看方向的歪松（图 12）；

似随意捏造空间如具弹性的多重视界的湖石（图 13）；

界定天壤之别的树梢；

……

任何自然事物都有可能具备"观法"，参与叙述，甚至决定叙述的方式。一棵植物，如不在群体构造意义上去看待，它就还是植物本身；一旦成为叙事语言系统中的一个环节，一个词汇，它就是一个"角儿"了。

计成说："槛逗几番花信，门湾一带溪流，

10

11

12

13

图10：《广寒香传奇》插图
图11：柱林门廊
图12：臂搁，与人相倚提供遮荫的歪松
图13：建筑功能的山石，竹雕笔筒展开立面

竹里通幽，松寮隐僻”，“奇亭巧榭，构分红紫之丛；层阁重楼，出云霄之上。”花，溪流，竹里，松，红紫之丛，云霄，它们皆精密地加入了意义的建造，形同建筑元素与构件关系的凑巧，清晰而不多余，却看似如此的自然随意。如此看来，综杂了万千自然事物，被反复构造了千年的山水画，它的深意究竟有多远？！

建筑化的构造

高居翰说：“历来中国画不是对实景的记录，而是在画室当中的产物。”无怪乎董其昌因为遇到自然山体结构与所学笔法的印证，而大呼小叫：吾见吾师矣。如果说，五代及北宋的山水画还具有一定的写实性，那南宋及元以来，山水画便更多偏向于一种空间的构造游戏，一种叙事的设计。对自然事物的像与不像不再苛求，不甚求合物理，而更求合心意。文人画家在案头创作，在特定的尺幅形式内，反复地不厌其烦地建造内心的理想世界，这时的山水画，就是“心园”的写照，就是纸上的园林设计图。

于是，画中自然事物的符号性愈加明显，每件事物的意义与作用被积淀性地确定下来，它们在很多有想法的文人画家心里，渐渐成为一堆构件，为建造一个心园而所需的构件。清代的《芥子园画谱》并不是一本学画的好范本，但它的规定性、模式化、普及性确实深刻地说明了这个问题。画家对事物的选取与调用，有了一个“库”与详尽的分类，并渐渐程式化起来，成为一套极为成熟的语言。而在词汇符号化、构造相对程式化的同时，设计感却变得强烈，出现了奇幻的视野。

沈周的《雪山图》（图 14），特点在于构造取景极窄，由此造成了相对闷塞的效果，而这种闷塞的效果使得视觉的变化十分剧烈动荡，忽远忽近，忽通忽阻，一会儿大片水面，一会儿磐石当前，一会儿平远疏朗，一会儿又坠入深涧幽滩。画面中各出口皆有指向与暗示，让人念想不断。《雪山图》里少有完整的事物，没有痛快的视野，但“残山剩水”的方式并没有带来一味的憋屈，而是扩大了经验，它们依赖与边界的敏感关系，吞吞吐吐，一种撩拨人的方式。

前人哪里有这类过度的设计感，一种机械式的精巧排布方式，缠绵胶着的空间？这令人联想起明清时期的江南园林。而我们再注意看他的“词汇”，山石林木建筑人物之类，近乎调用的程式化排布，画中事物相似度太高，并且反复出现，像是《芥子园画谱》的综合应用案例。

14

文徵明《李白诗意图轴》（图15），颠覆了立轴的正常视野与段落，中景与近景，一上一下，构成视野的边界，而远景却在正中，一个巨大的空谷深潭。位于边际的四组一共十块别有用意的岩石，以大青绿色与其他事物区别开来，强调了对空谷的围合。需要特别提醒的是，凡是青绿部分，皆为最前沿，或者最边界，也就是所谓的外部，或者说是剖断处更为妥帖，其他颜色的事物几乎皆被青绿所包围所挤而退后，而虚弱，成为内部：看那条前景的小路，被青绿挤出，因为它通向内部。仿佛一个山体被剖切之后，呈现出巨大的断面，一个悠然的内部横空出世。文徵明画出了一种剖面的视野。在建筑学看来，这既是一种平面关系，也是一种高度上的剖面关系。

宋人的山水画，纸张尺幅还带有行旅取景之"框"的意义，而元之后，尺幅形式的边界，渐近了造园的边界，文人不再"今张绡素以远映"，而是跃人于纸上，去造一个园。因此，山石的生长可不循常理，而是从了人的妄想，失去重力，被任意调用，经营位置，或当空，或壁挂，或倒悬。

这是一个城市地中造园的方式，具有建筑学意味的意识与方式。

15

图14：沈周《雪山图》
图15：文徵明《李白诗意图轴》

山水，一个自然"建筑"

董其昌在《兔柴记》中写道："余林居二纪，不能买山乞湖，幸有草堂，辋川诸粉本，着置几案。日夕游于枕烟庭，涤烦矶，竹里馆，茱萸沜中。盖公之园可画，而余家之画可园。"园可画，画可园，园以种种"观法"被创造性地再表达，而这种表达本身，就是诗意的栖居，就是真实世界的多种想象的众多版本，如同卡尔维诺的《看不见的城市》。罗兰·巴特说："创作或思考在这里不是重现世界的原来'印象'，而是为了使它可以被理解。"那些绘画，我们压根不用在意它真实度的问题，它一直在促进我们对人与自然关系的真正理解，这种常年反复的"纸上造园"的摹写与实验，是我们不断确认自我存在方式的诗性手段。

明代刘士龙在其《乌有园记》中说："迄于今求颓垣断瓦之仿佛而不可得，归于乌有矣。所据以传者，纸上园尔。……而文字以久其传，则无可为有，何必纸上者非吾园也。景生情中，象悬笔底。不伤财，不劳力，而享用具足，固最便于食贫者矣。况实创则张没有限，虚构则结构无穷，此吾之园所以胜也。"纸上有一个与现实世界的对等物，它甚至更为美好。每一介贫寒之士，都可以拥有一个游目骋怀，足以极视听之娱的"园林"。

在传统中国，没有专业上的"建筑学"，亦没有与西方概念对等的"建筑"一词。画中的山水，"可居、可游、可观"，是一个异化的建筑，是属于我们本土的师法自然的建筑。与之对应的现实便是造园。而山水画，是造园这个"建筑活动"的活源与图解，是思想实验。

之所以在"建筑"之前加上"自然"二字，是因为它们虽极尽视野时空构造之可能变幻，却永远那么赏心悦目，节奏优雅，永远以自然作为叙事载体，可以雅俗共赏，这几乎就是对西方立体主义与纯粹主义最好的嘲弄。

在本土建筑学视野之下，山水画究竟画的是什么？我想，画的应是一种自然建筑学的视野构造，画的是"观法"！

作为观法的建筑

视框般的房子

清代的女乐图扇形小插屏，一场热闹的传统雅集，全景式的平铺展开（图16）。那个建筑弱化到不再被表现，仅留出了基本的界定：上部不完整的屋顶带与栏杆，还有转角处仅有的两根柱子，

图16：清·女乐图扇形插屏

几扇用于遮掩来路的柳条格窗。大敞大开，朴素地横陈在那里，本身空无一物，满盛了熙攘的活动。建筑成为展示的橱窗，取景的视框，它作为“观法”而存在。而那个特地被作为扇形的边界，难道不是一扇景窗，在窥看着这个场面？也或许是另外一座空空如也的建筑？

牙雕中弱化的房子保留了传统中国建筑的基本元素，不能再少了，但这些却是传统中国建筑最为重要的特点，仿佛没有体积，是线与面，其功能在于透过与满盛，映透周遭，作为一个视野的量词：“四壁荷花三面柳，半潭秋水一房山。”

连绵的遮罩

传统的园林建筑房屋，其个体形态构成比较简单，差异不大，因为它们作为摄景的容器，围景的边界，总是群体性地成片出现。简单，并不代表缺乏意义，个体的几点共性，虽然寥寥，却足以安身立命，演化无穷的差异。两点共性：

1. 分正侧，分向背。

再小的单子，也有阴阳，于内于外皆有方向感，有面与面之间的差别，有通透与阻隔之分，有材料与色度的敏感之分：山墙、门扇、窗户、屏风。因此，各面可以有分别对待的经营，在群体构造中，有虚接与实接，进行积极的偶发对话。

2. 线面构成，弱实体。

线，柱子框架结构，最小的结构方式，弱化实体的存在。面一，山墙，开洞开窗，破之。面二，门扇，全开，甚至可以全部拆卸。线面构成，保证了在有正侧向背的差异基础上的最小实体维持，以虚纳环境，隐入周遭。

“高下”与“途径”，不在个体，在于群体。

因此，个体的特点可以被描述为：一个屋顶之下的，有正侧向背的最小界面的维持的“空”。当然，园林是对山林的拟居，地面的高下不能不说，所以，更完整的描述应当为：一个屋顶与台地之间的，有正侧向背的最小界面的维持的“空”。

那么，这些个体组织为群体的时候，勾搭、黏连、折叠、嵌套、排列、撞击……个体将全面消失，整体将被描述为：一片连绵屋顶与起伏台地之间的无数个不同方向的“间”。那么，所有的正侧向背、线面构成，皆作为连绵屋顶与起伏地面台地统摄下的整体界面，来作为遮罩，作为一种视觉控制，开阖风景，吐纳山水。这时：

1. 屋顶分出了阴阳明暗的条件，构成了“进”的大层次感，也成为视觉控制的上限，作为一种“压制”而存在。如李渔所言：“须有一物以蔽之，使坐客不能穷其巅末……”

2. 山墙、门扇、窗洞、屏风等等作为水平方向的中间层遮罩，构造开阖启闭通阻之变化，这四类水平遮罩，为园林中极尽变幻之能事，以达“前后掩映，隐现无穷，借景对景，应接不暇……左顾右盼，含蓄不尽。”（童寯先生语）

3. 连续起伏的台地，作为高下俯仰的条件，成为视觉与肢体控制的下限，如童寯先生说：“……由一境界入另一境界，可望可即，斜正参次，升堂入室，逐渐提高……”

屋顶与拟山高下的台地，又何尝不归于这层遮罩？这层遮罩，绝不仅限于视觉，而是以视觉作为先导的，引发全身肢体活动与撩拨情感思绪的立体设定（图 17，图 18）。

未山先麓

造园，大中见小容易，小中见大则难，观法能以一勺意海，一拳代山。造园要求“居山可拟”，

图17：遮罩之一

图18：遮罩之二

17

18

19

20

搬山水进家。小中见大，一种办法就是以小指大，主要说的是"静观"，而非"游观"。

清代吴伟业之《梅村家藏稿》中载有张南垣之省力造山法："南垣过而笑曰：'是岂知为山者耶！今夫群峰造天，深岩蔽日，此夫造物神灵之所为，非人力所得而致也。况其地辄跨数百里，而吾以盈丈之址，五尺之沟，尤而效之，何异市人抟土以欺儿童哉！唯夫平冈小阪，陵阜陂陁，版筑之功，可计日以就，然后错之以石，棋置其间，缭以短垣，翳以密篆，若似乎奇峰绝嶂，累累乎墙外，而人或见之也。其石脉之所奔注，伏而起，突而怒，为狮蹲，为兽攫，口鼻含牙，牙错距跃，决林莽，犯轩楹而不去，若似乎处大山之麓，截溪断谷，私此数石者为吾有也。方圹石洫，易以曲岸回沙；邃闼雕楹，改为青扉白屋。树取其不雕者，松杉桧栝，杂植成林；石取其易致者，太湖尧峰，随意布置。有林泉之美，无登顿之劳，不亦可乎！'"

此法便是"未山先麓"（图19）。手法可以历数：

1．先起高高墙角，作为山的力学倚靠，以及想象底景。

2．堆土为主，山石用于节点要害，分出层次，要有夸张姿态动作，要显出余脉。

3．山体要用矮墙缠绕，游走其间，切分段落，遮掩体量。

4．以小竹林作遮蔽，制造阴影，建立虚暗。

5．必要时逼近房子柱前，仿佛冲撞。

6．水岸要曲折，不见头尾。

7．植被要不落叶者，间杂种植，分阴阳，突出高势。

8．观察山体的房间之色调亦有要求。

列举下来，其实很不省事，省的只是地方、空间与土方，代之于繁密的布景设计，是极为不易的事情。

总的来说，可以拿李唐的《万壑松风图》（图20）来提炼一下：此山并不崔嵬，只是详写了山脚而已，是关于前景与中景的伟大，远景仅仅是提示，一个局部，一个山脚，便足以摄人魂魄。

一座小山，观法大成

山水画的对象是与人有关的山水经验，因为角度在于人，因此它是表述不全的，也就是说，山水画中总有不可见的方面。山水画不是俯瞰模型，也不是完全展开的说明图，而是一张半吞半吐、半推半就的藏娇图。因此，绘画是讲究“景界”的，“景界”其实就是“眼界”，我们通过这种界定来观看，这个界不是画框，而是对所见释放的控制与设定，“界”潜藏在画中。

拿这个山子摆件（图21）来说，容易明白。这个摆件的奇异形态的意义在于，可见的成为不可见的有意识的不完全遮挡，不可见的以局部的方式在“时间的转角处”泄露，进而构成欲望与推动，不断旋转，连绵无穷。在我看来，这个摆件的形态就隐含了建筑学意识中的视框、山墙……这是关于视野的分面工具，它分出了向背阴阳，可见与不可见，于是构成转折的必要，运动的必要。纵然我手捧这个模型般的玩意，可以如上帝一般玩弄这个小小世界于股掌之间，但是无论怎样，我们都受制于这个潜藏的“界”的视觉控制，虽然是俯瞰，但我们始终是进入性的，这个摆件的构造法决定了我们对它的观法，我们竟然无法一目了然地看全它。

从山本身的形态意义来讲，苏州环秀山庄的大假山与这个“溪山行旅”的摆件是同构的。这是带有观法的假山，依赖表面褶皱的模糊维度，统摄了所有的姿态动作，成为一种具有自然意味的连续的表面涌动，如一个层出不穷的器官，反

图19：苏州耦园织帘老屋前假山
图20：李唐《万壑松风图》
图21：清·竹雕溪山行旅摆件

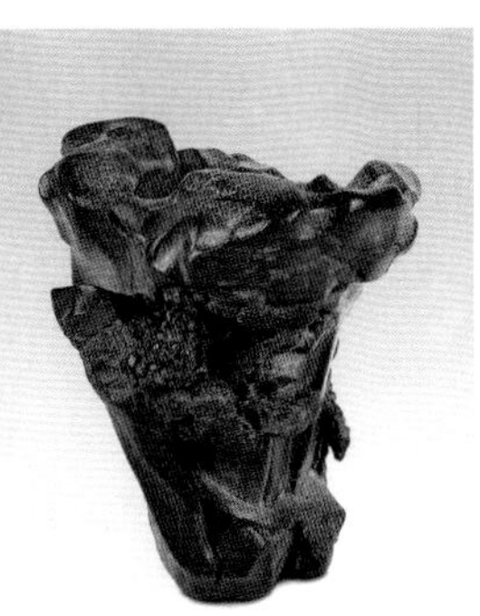

21

复地推挤你，又如一个长袖善舞的女子，将你裹入她的衣褶迷帐，如坠云雾。是一种被动式的按摩，让你的举手投足不得不配合出仰止、抬望、俯察、侧身、上步、顾盼、斜刺、观峦等等具有山水意味的程式化动作。一个与此素昧无干之人，却也可具有三分韵味的姿态。这是假山形制所逼迫，美景之利诱，泛起你血液底层的残存。经此，“眼界”转化为“身界”，“观法”转化为“身法”。

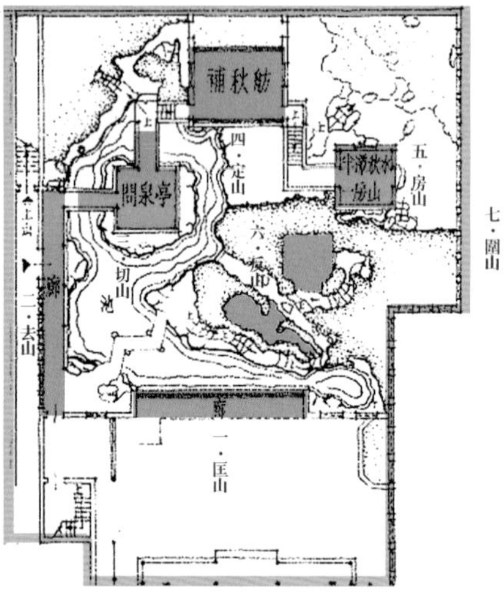

然而，这种“观法”不仅存在于假山本体的形态构造中，也对等地存在于与假山关联的建筑中，它们相互依存，观法互成：山作为体验建筑的观法，建筑成为看山的观法。可以通过一个概念来大致说清楚，这个概念在四年前我交付了学生方恺作为他研究此山的主要线索。此概念叫做“七间房”，分别名谓：匡山，去山，切山，定山，房山，反山，围山。（图 22—图 28）

第一间房，“匡山”。名字是我起的，因为这个房子已经不存在了，它原本是一个廊子，后来被拆掉了。这点有两处可证明：一，在刘敦桢《苏州古典园林》中有图可查。另，在杨鸿勋的《江南园林论》中亦有图证之（图 29）（此图依据《江南园林志》20 世纪 30 年代图及 50 年代遗迹绘制），虽然以上两种平面图有关此廊子的形态位置有所差异，但可以肯定的是原来一定是有廊子的；二，由假山正南大厅走近假山，并无一点遮拦，假山体量暴露无遗，这不是戈裕良的手段，第一面见山，居然没有“观法”，居然无遮无挡，如何能缓缓道来，小中见大？且假山池东南角水尾暴露，山与墙面交接皆呈断面暴露，这些都是不合情理的。“匡山”廊，其实是一个十分浅薄的建筑的立面而已，为的是有限框取假山正南中间一段景，现出长卷的图式，“匡山”两头皆有短短山墙相挡，为的是屏蔽左右景的端头，只取中间：有逼近之

22

23

24

25

26

图22：环秀山庄大假山之「七间房」
图23：不在了的「匡山」
图24：「定山」，虚奥的底景
图25：反看「切山」
图26：对「切山」的瞥见
图27：「反山」的反观
图28：假山峦头对周围环视，一样是山中的房子

27

28

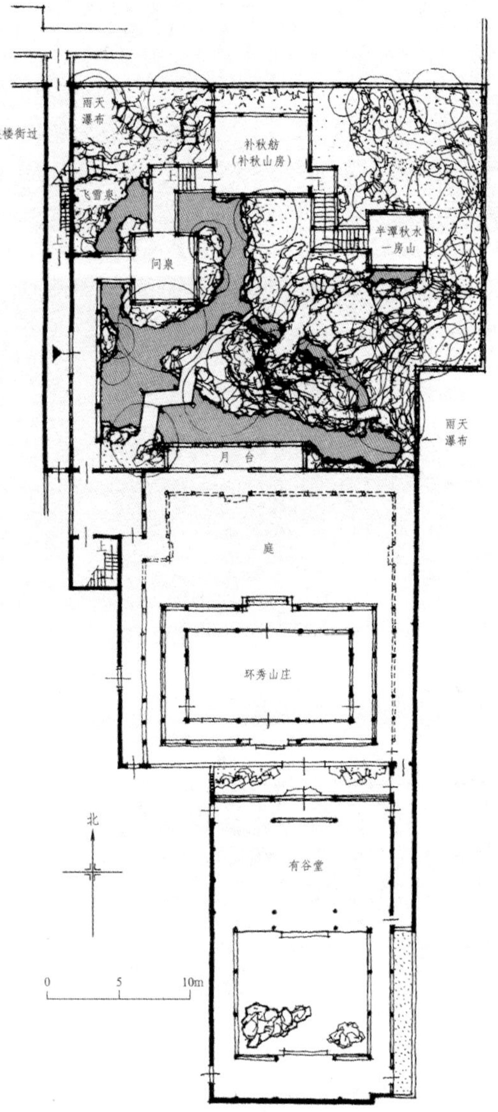

图29：杨鸿勋《江南园林论》
苏州环秀山庄复原平面图

境，举手可及的“环透叠法”；有视觉深沟，前有曲桥相拦，但不知其头，远可直视到补秋舫。十分完整的宽幅长卷之景，且有隔扇多间在前，如同屏风画一般。依据杨鸿勋所复原的图，我们可以想象出与现存状态截然不同的对大假山的主向看法：在一个四面围廊围合的院子里看院子外面的大假山，这种看法是相当含蓄相当有预谋的。目前，闭合的院子变成了开放的临水平台，大假山成了裸体。与其命运相同的还有乐山大佛、各地的各类石窟等，都在裸晒着，都丧失了本来的观法。

第二间房，“去山”。名亦是我取，因其原来无名，隐藏于西墙之内，但其在整个序列中位置角色十分要紧，所以不舍。“去山”廊，在“�山”左转折经由西南角小房子之后，顿然出现在假山的西岸，忽然距山远远，缓缓平行向前，看到了山的侧面，是行走的长卷。这幅场景，亦是相当的经典，近水溪岸与中景山水平横陈，有一折桥渡入，道路右转旋即消失。此面假山，与正南绝然不同，分三层台地，层层缩减而上，各层种植林木，以遮掩假山体量。唯西南对桥之角悬挑出来，作高山仰止状，用来威吓人。

第三间房，“切山”。名字我起，是原有“问泉亭”与前后折廊的总称。“切山”由“去山”渡来，切入山中，被山林包裹，在廊中观望，亭之不存与廊子化为一体，构成一个转折的停顿，左右观山，南平北仰，松荫映衫，飞泉溅身，如坐山之脏腑。“切山”，一为主动切入山；二作为远处观山，对山的层次的分段，在南部看来，假山被折廊所分，但依旧透出连绵，更显层次；三，其屋角正对假山中央之峡谷，可窥见内腔，亦可被峡谷所“罅隙见”，为“切意”之三。

第四间房，“定山”。原名“补秋舫”，“定山”为全山至高底景之处，起定格局之用。此房北面虚白为过院墙，其余三面皆能照见绝然不同之山景，收四面景色。在假山整体中，作为高处底景之用，以其正侧向背的分面，增补了多方向的幽虚。

第五间房，“房山”。原名“半潭秋水一房山”，出“定山”转而上的一空亭，深陷山内，满眼假山，因其建筑位置最高，可平看假山峦头，以及周围一圈屋宇墙嵴。

第六间房，“反山”。是消隐的房子，实为两间，皆为假山内洞，但都以石室来经营，家具不缺，亦有“窗户”，可从各石洞窗中外窥，作多方向的反观。

第七间房，“围山”。就是围合这座假山的院子，这是内向性的“一房山”。围合，代表了一种搁拢的收藏，包围式的观看。“围山”西面有二楼整面的薄间，可以平眺假山，依照旧图，恐怕他处亦有楼梯可以登高上墙观山，再说戈裕良应该不会浪费任何看山的绝佳角度。东墙为假山建立了背景，让其入了画卷，自然消隐而去，仿佛“累累乎墙外”，有大山连绵之想。“围山”，也是为了假山反观之后有一个可以设定的周遭：一带建筑绵延隐藏于山峦之中。

这七间房，构成一个有关山的“观法”的完整序列，以多种“不完全观”，综合成为把山“彻底看完”。以片段的方式，收取了山水的“类型化体验”，把山搬进了家中。搬山，搬的是“观法”。这七间房，就是七组电影镜头，以一种控制性的体验方式，解释了中国人的看山之法。

偶遇与逆袭，斜向度观法

叙述格局既定，“观法”便已然确立，这是经典的体验用度，仿佛走正门，登堂入室，按部就班。但常常有走旁门左道的，那么既定的“观法”将荡然无存，礼仪场被顷刻逆转。但这并不是什么坏事，亦会带来奇崛的视野与体验。好比明清北京城的中轴线，基本上是摆着看与想象的序列，平时则有平时的各种走法，那体会是千差万别的。

多年来，我一直念想着17年前第一次去苏州艺圃的经历：从主街转到一条十分不起眼的市场一般的小街，两边开着小饭馆杂货铺，路边摆着小摊，鸡鸭鱼肉蔬菜，人声嘈杂中我挤入一条小巷子，三拐两拐，经过老头老太的竹椅聊天阵，穿过几家门前的煤炉生火的烟瘴，与几辆满载竹椅的双轮车擦肩而过，在迟疑之间，忽然看到了艺圃小小的园门，温文的门匾，褪了光的旧黑漆门，两步宽的巷道对面的老墙下，放着拖布与笤帚。园林只有生长于这样的旧城里面，才有这般的鲜活欣喜。

城市山林，不能离开城市。

惊艳，就是在一个旧时的菜市场里剥出一个网师园来。

这是对正常阅读的斜向度重读，可能源自机缘与偶发，也可能是历史积淀新旧相替之由，也可能来自于失传之后的追忆误读，等等。这都是十分现实且常见的。引用王澍先生的话：“可以用超现实主义者的术语恰当称作：‘客观的偶然机遇’。”

因此，园林并没有规定一种唯一的进入方式，它精微地做出设计，但在体验上保持着“松动”结构可能性，它可以被无限种方式来阅读，那都是一种全新的感知。斜向的“观法”，考验着元素或者单子之间的偶成是否具有天赋性的积极，以及它们的编织是否具有活力，并不断地推动着意义的再发现。

无论是面对手中的一个建筑模型，还是身边的一个庞杂城市，这都一样，我们需要时常性地保持一种斜向度“观法”。

没有花木依然为园林

一个人的世界，自设周遭

造园不仅是移来山水进家，更是自设一个独立世界，一切皆为人工，是表演性的。园林，本质上说，就是一本明清传奇的木刻插图，是一系列戏曲舞台。这个舞台提示着我们不忘那身段、手势与眼神，那举手投足的意义。它是山水生活积累下来的凝集，属于境遇化的记载。而真正的戏曲舞台上，却什么也没有。没有山，没有溪流，没有飞雪，没有狂风，没有建筑，无门无窗，无车无马……一切皆需要自设，依靠角色的眼神、身段、手势、走步、唱腔，以及角色之间交错缠绕的肢体关系来设定境遇周遭，营造一个世界。而这个世界，是随身而发的，出手便有，转身即没。是“身手间，显山露水”：手搭凉棚，眼神稍晃，我们知晓已然是去之甚远；袖口遮面，刻意说话，便是虚拟了一个短暂的单人环境，弹出一个内心独白；一连串唢呐牌子，人未到，其气息已弥漫全界；一个锣鼓点儿，便将你打入心意的冰冷深渊。

程式化的肢体语言，可以有效地意指一切，这便使得它在流俗中变成一种“摆样子”，让人生厌。表演的高下，最终是分在内心的自设境遇的深度，动作因心而生，才有其辐射出来的氛围。钟和晏与日本歌舞伎大师坂东玉三郎之间有个访谈，他在《女形与艺道》一文中谈到：“但是玉三郎真有火候，他能在踏上台毯的一瞬间入戏。可能在几秒钟前，我们还在讨论晚饭吃些什么，他一转身，哪怕是近在咫尺的我，也感觉他已化身为杜丽娘了。每到此时，我都会猛觉尴尬，忙不迭地逃离侧台。”靳飞说：“玉三郎与他所饰演过的角色，都有着隔不出几秒、离不开几步的关系。即便是像我这样与他长期一起工作的好友，视那几秒几步亦如鸿沟，无论如何是不可能跨越的。”

当然，表演性不是表现性，它要求，你虽然演他，却不是他，你是他的“观法”。角色就是角色，浸淫其间但保持着对立与平行。

建筑在言山水

童寯先生说：“中国园林原来并非一种单独的敞开空间，而是以过道和墙分隔成若干庭院，在那里是建筑物而非植物主宰了景观，并成为人们注意的焦点。园林建筑在中国如此令人愉快的自由、有趣，即使没有花卉树木，它依然成为园林。”

园林建筑，在引导我们“指看”自然的多少年来，已经渐渐由一种两不相干的自持，而成为一种有关于自然的刻意的“观法”，饱含“观法”的建筑，已不需要花木的直接参与，我们通过建筑的“动作”，便能知晓自然的存在，其本身已然映进了自然，一招一式，皆能映照自然。正如，台阶的诗意，柱子的诗意，墙洞的诗意，屋脊的诗意，抬眼那砖雕的诗意……都是对自然的意指。它如昆曲的一角儿，可以自设境遇，“不下堂筵，坐穷泉壑”。因此，在明清园林中，建筑的量常常盖过了自然物，花木常常是微小的，碎片化的，以点缀的方式散落在密集胶着的建筑群中，仿佛是为了一种提示，是为了建筑的动作所指有指。

在园林中，是建筑物而非自然物主宰了景观。这并非城市空间密集的结果，而是文化发展取向使然。园林，是如画的，出于诗的，不是对纯自然的复制与照搬，而是内心世界与自然的比照，是对自然的重新分类与心理设想。园林建筑，师法自然，却并非作为自然的附庸与模拟，它以一种人化的、文化的方式在表演自然，叙述自然。

画中山水，是胸中丘壑。画是一种异化的自然，这种自然根植于地域的文化结构中，它不需要去看齐谁。“如画”的重提，是对“师法自然”的重提。“如画的观法”，将帮助我们观到建筑学的中枢，我们自己的诗意“几何”。

为什么“没有花木依然为园林”？

这可以认为是童寯先生给我们的设问，当是上联，我仰对下联：“因为建筑在言山水事。”

水滸全傳
三十二 火燒翠雲樓

如画观法十五则

如画观法，是对传统中国山水画中空间营造的结构意识与观想方法的探讨，并借助此视角，展开绘画语言向当代建筑设计转化的一条途径，展望一种「师法自然」的设计思路，借此试图寻找中国本土建筑学的诗性几何。

如画观法十五则，选自我所主持的「读画构造」与「建筑自然」两门设计课程的研究成果。

所选作品设计者：蒋林鹏、周荃、杨溢、林卓歆、胡冠楠、王思颖、韦霖悦、刘耀坚、韩心宇、许思琪、江婧、陈奕琳（中国美术学院建筑艺术学院 2012 级学生）

课题主持与指导教师：王欣

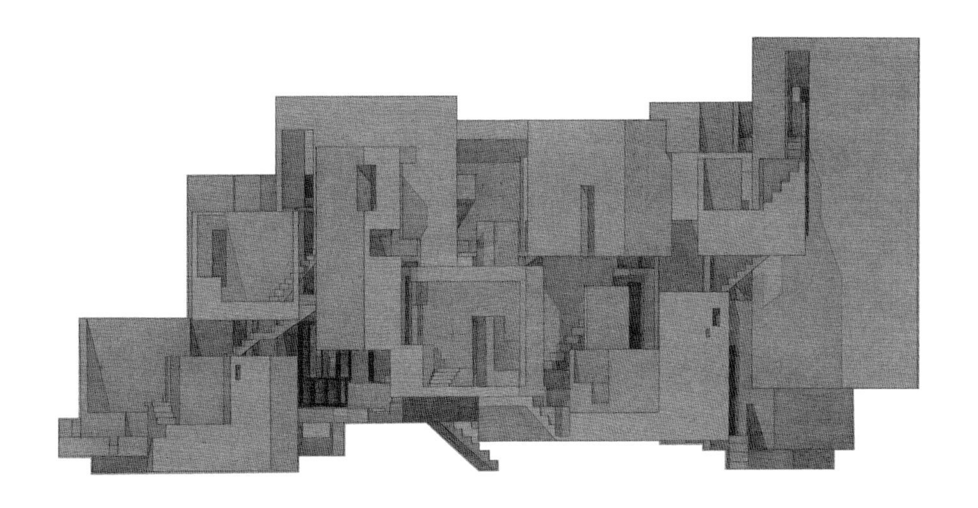

拈石掇山

取法文徵明之《李白诗意图轴》。

其十余块翠石，横空搭建，举重若轻，似乎了无重力随心调动，遂成就一个悠然的内部世界，一个洞天。明清山水画一方面是程式化、习气化的，同时也是极端构造性的，这时的绘画就是造园，就是一种建筑，但它是自然意味的。今仿之拈来二十四方石房，随眼走指划，掇一空山泠泉。既是叠石便要求不可下柱走梁，全凭生生摞叠，但亦不可如码放糕点，饾饤之嫌，也不能糊成一片，石房既要成群势一气呵成，亦要保持各自的面向特点，可以相互招呼顾盼对答。

假山不是模型，要有居观游，因为它是遂人的。

起居案山

取法明代竹雕笔筒。

两巨岩对夹一缝，其间有飞泉高挂而下注入一潭，岩缝以一棵倒悬松掩面。此景全为飞泉对面一依石老者所尽收也。那个小小的亭子，就是关于人的表征，既是尺度的，也是动作的。

这是一个最小的山林世界，对于中国人来讲，山林就是庭园家居，一个案山也是可以起居的。

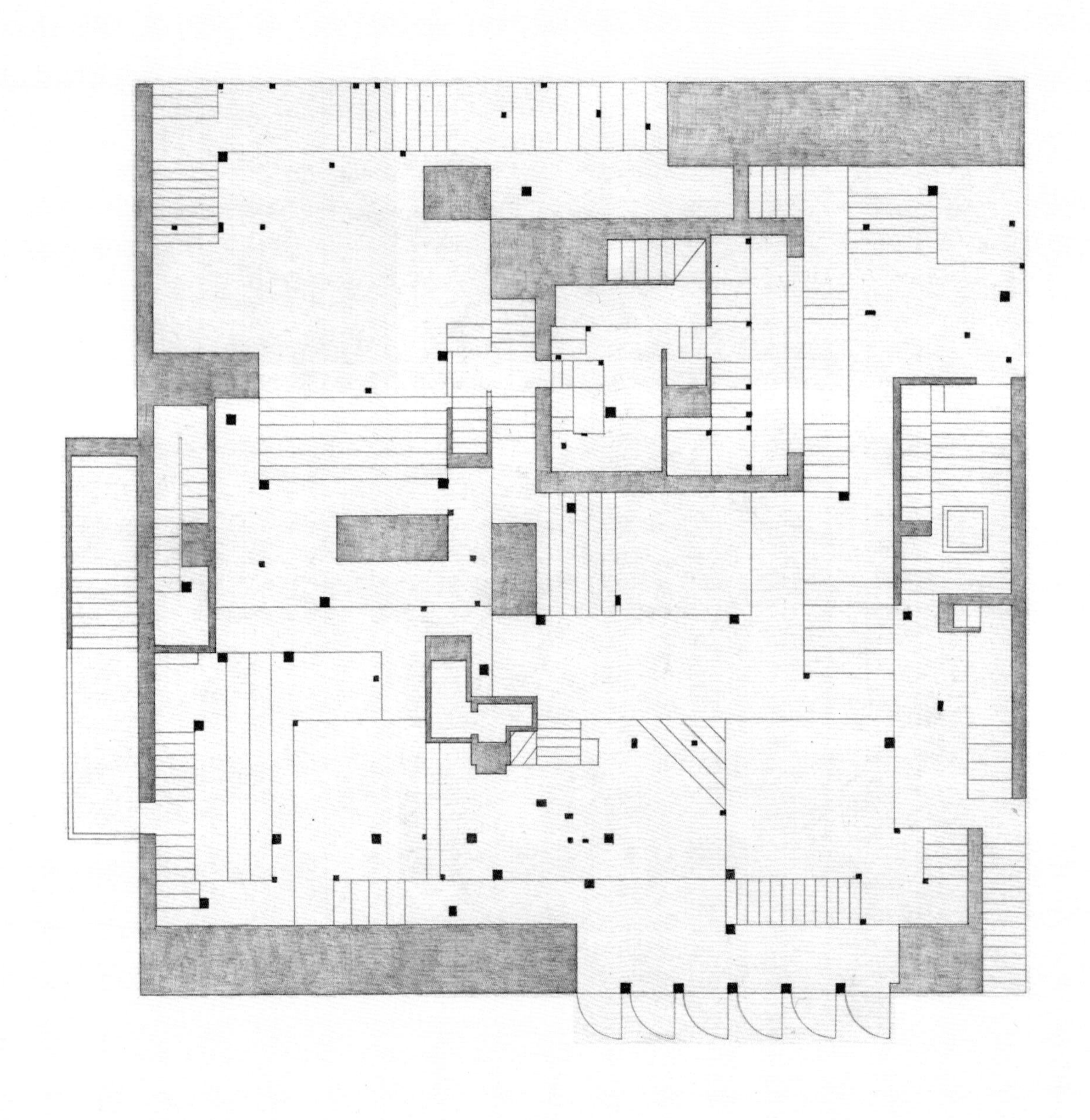

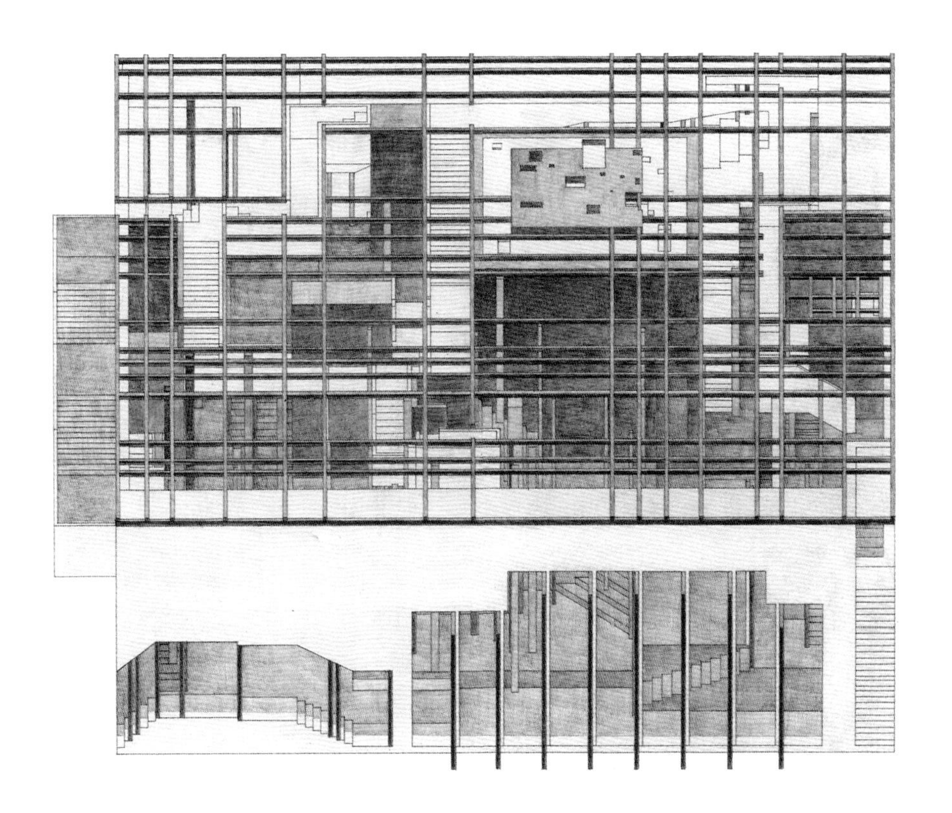

绿肥红瘦

取法传统红漆木格藤架。

细柱密梁，红框格之上浓荫一片，数人散座其下，细密层次难分难解，各人依偎红柱且面与衣衫俱绿。

绿肥红瘦，瘦的是建筑，肥的是自然，一个最小状态的建筑，一个自然主题的建筑。

十面灵璧

取法吴彬所作《十面灵璧图》。

吴彬实属无奈的深爱，一座无法以确定性为目标而测量记录的山子。其实亦无必要，但这却明示了，我们如何看、如何想，决定了我们如何设计。一切源自观想方式，《十面灵璧图》提醒我们要找到并习惯用自己的几何。

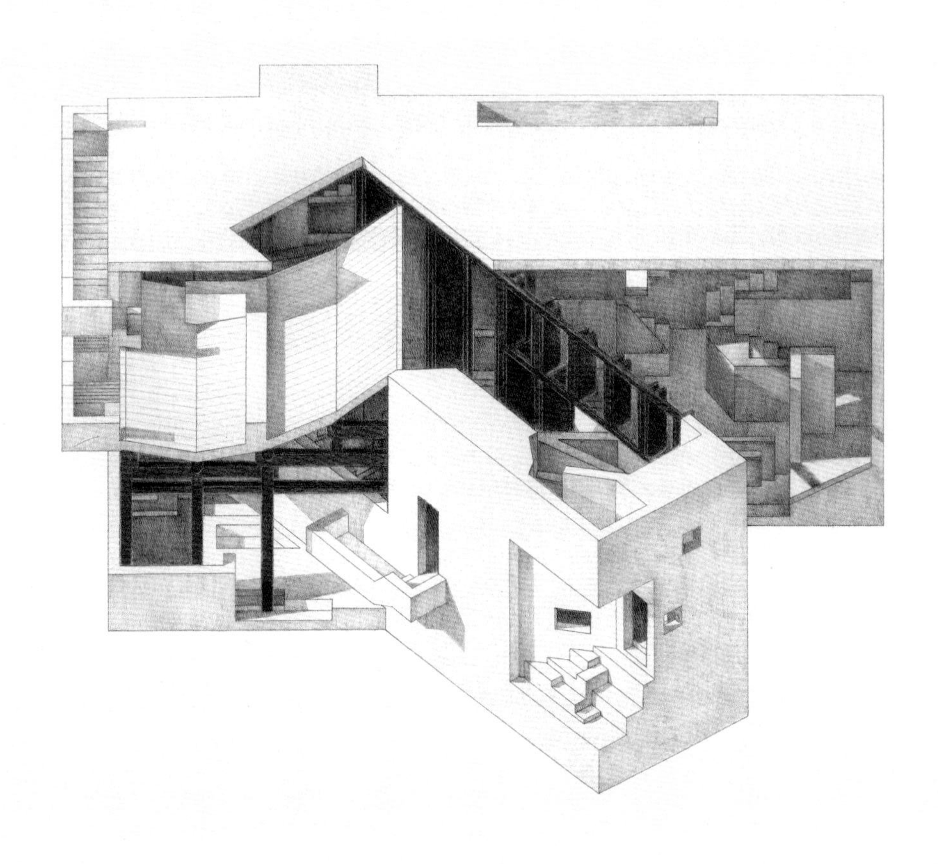

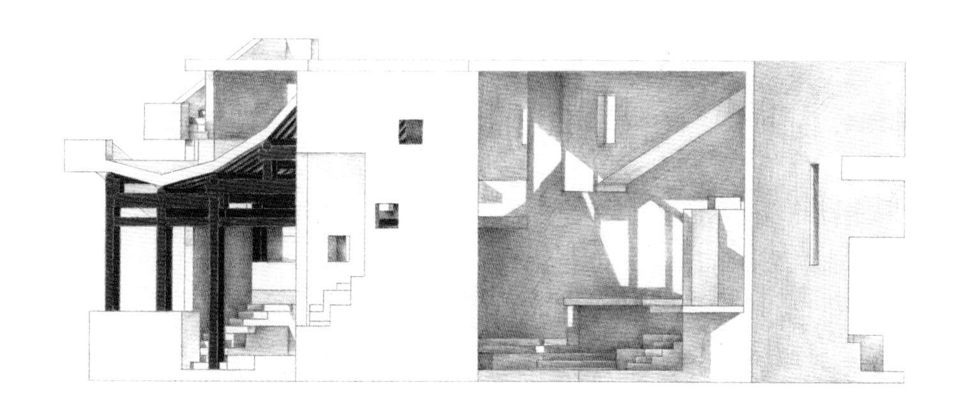

断岸嘶风

取法清代书卷竹笔筒。

书卷竹中破一缝，即是两边隔岸：一边为刘海，一边为巨蟾，相互招呼，是应了地形的刘海戏蟾。计成说："隔林鸠唤雨，断岸马嘶风。"一个劈开两半的建筑，便是断岸，便是山涧，这是有关断面的观想。

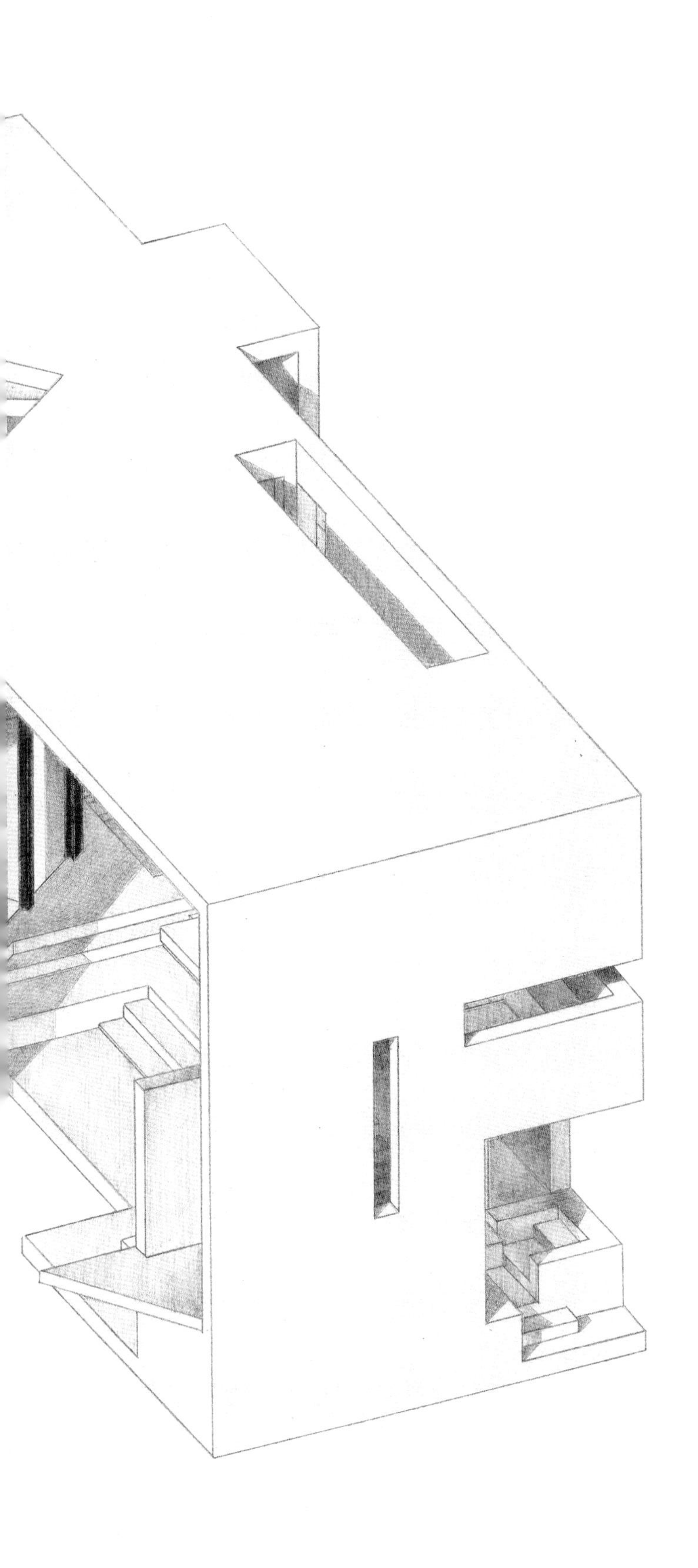

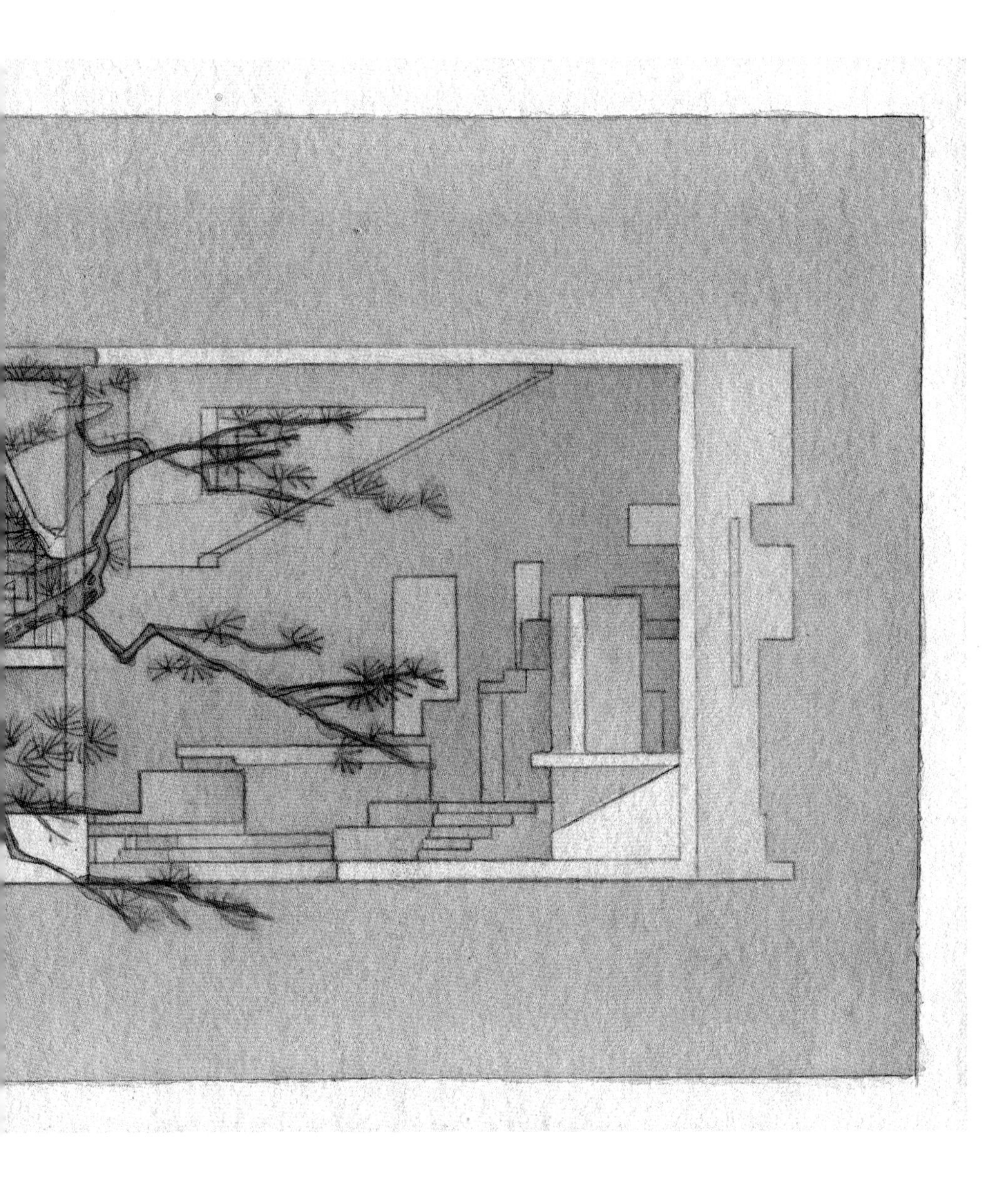

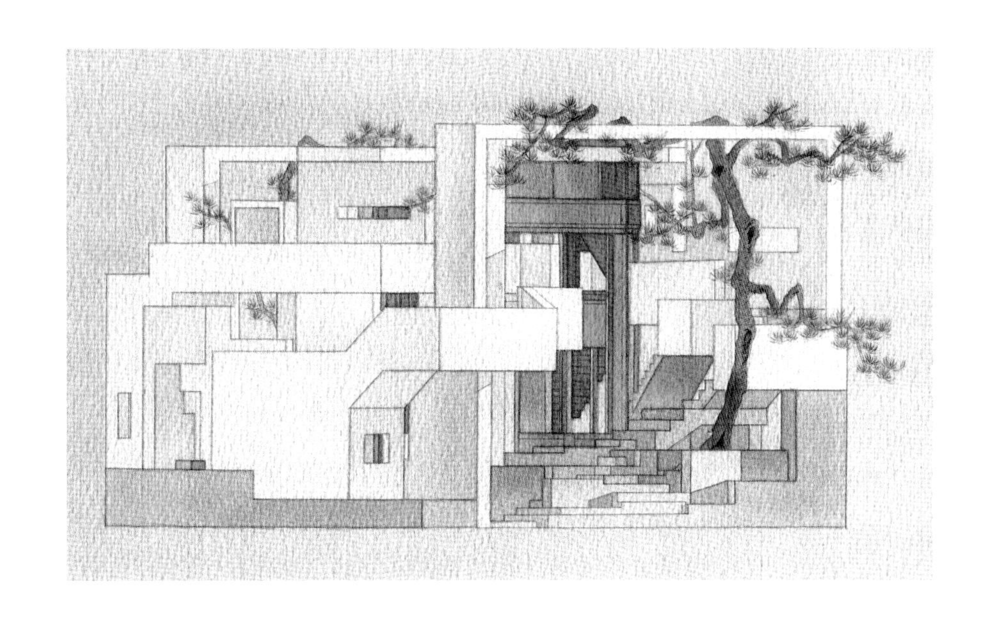

剥山洞房

取法明清牙雕笔筒。

其墙门廊房床四层，嵌套叠透，层层递进，如剥洋葱般深远无尽。分层在于对比，对比在于色质与明暗的间隔，以及方向斜正参差。今以山包房以房包山台家具，试以大小高下明暗内外，剥出层次。

洞中方七日，人间已百年。

试做一个中国人讲的洞天，一个被包裹的过去时。

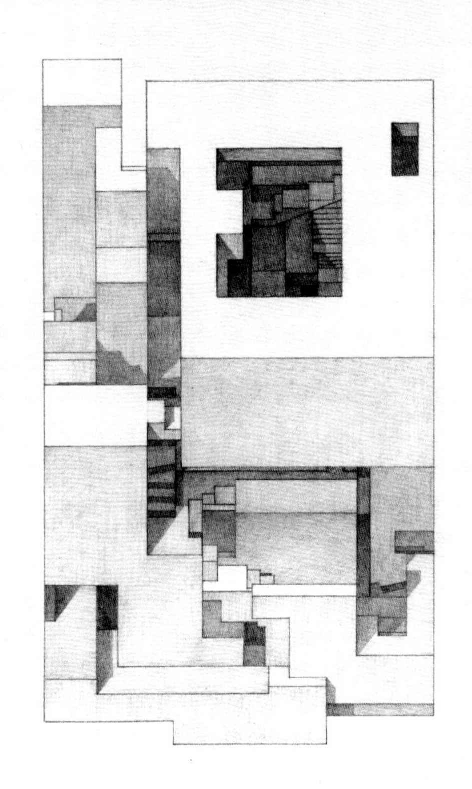

研山行旅

取法清代溪山行旅竹雕摆件。

竹雕之拟山异态是观看的眼界，眼界构成了运动的源头，这高明在于赋型与变形，对型与形选择在乎统一观想与身体行动。

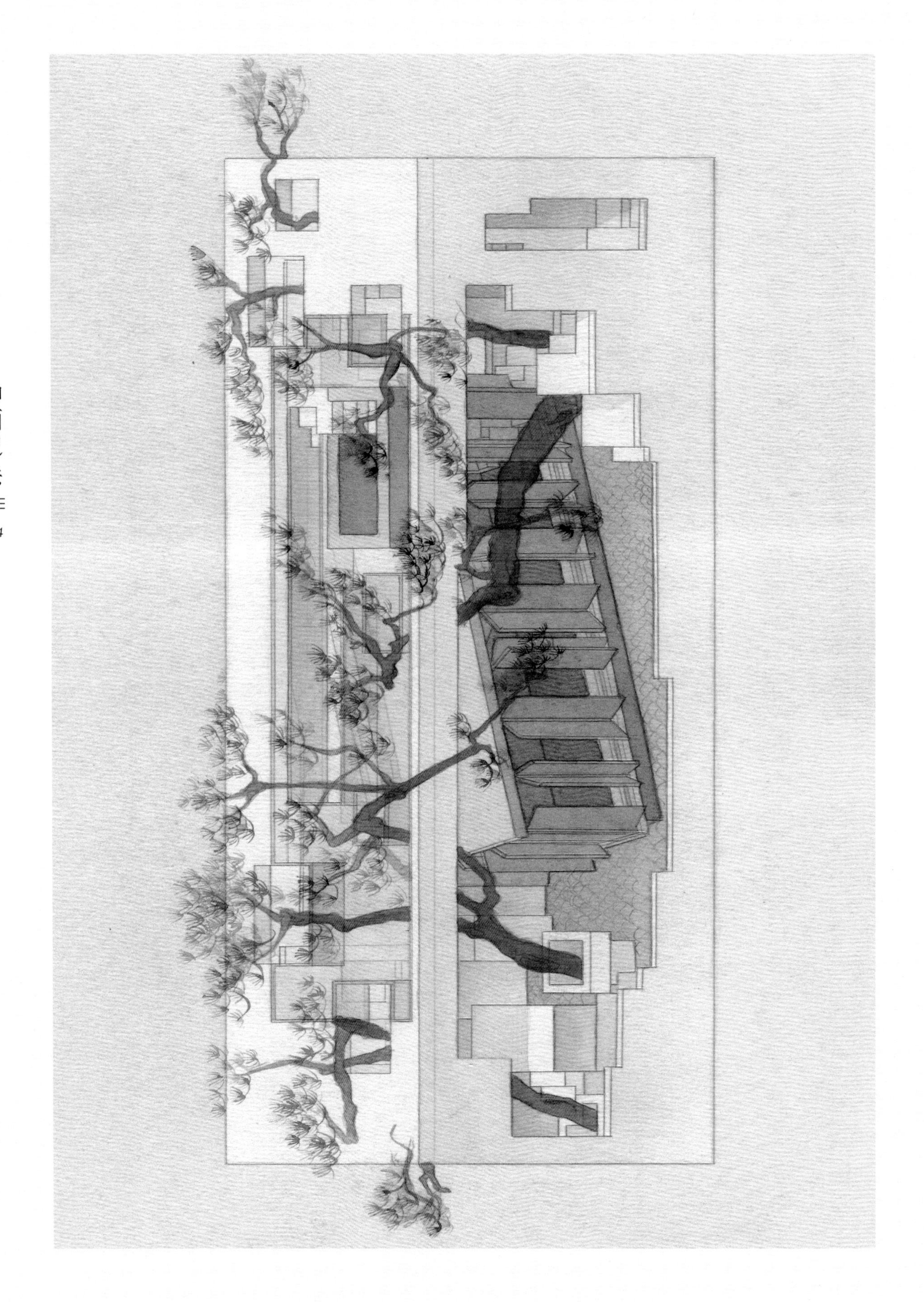

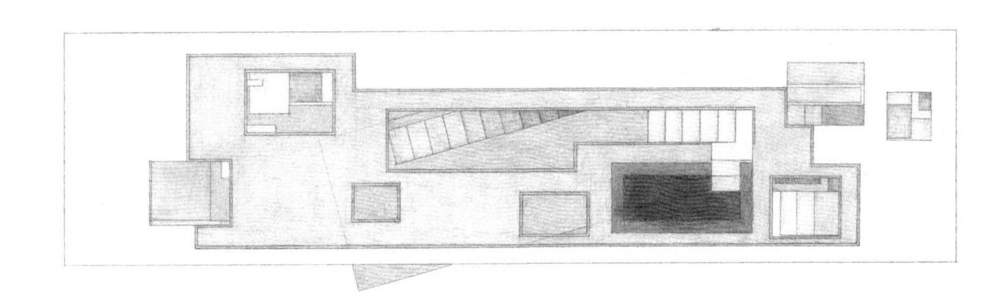

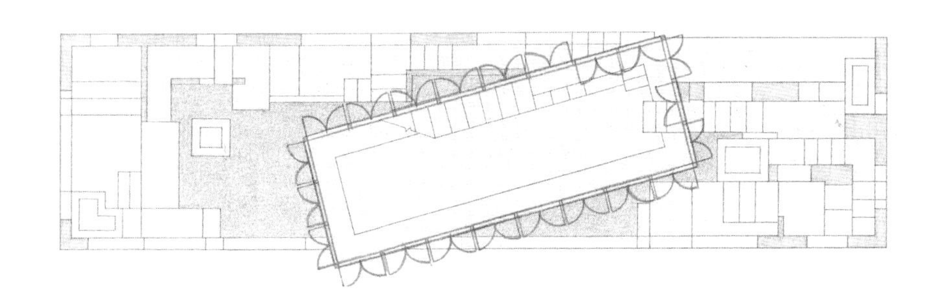

赤壁泊船

取法明清竹雕笔筒。

苏轼携友游赤壁一事：洞崖之间，挂松之下有一小舟，载三两人烹茶闲谈。斜的将穿出而未出之一刹那，今以石屋作赤壁之悬岸倒崖，栽植虬松，下盛波涛一池，作一破洞状，口含一红漆船屋，船屋作七分斜姿，以其羞涩犹豫表现那个刹那当口。

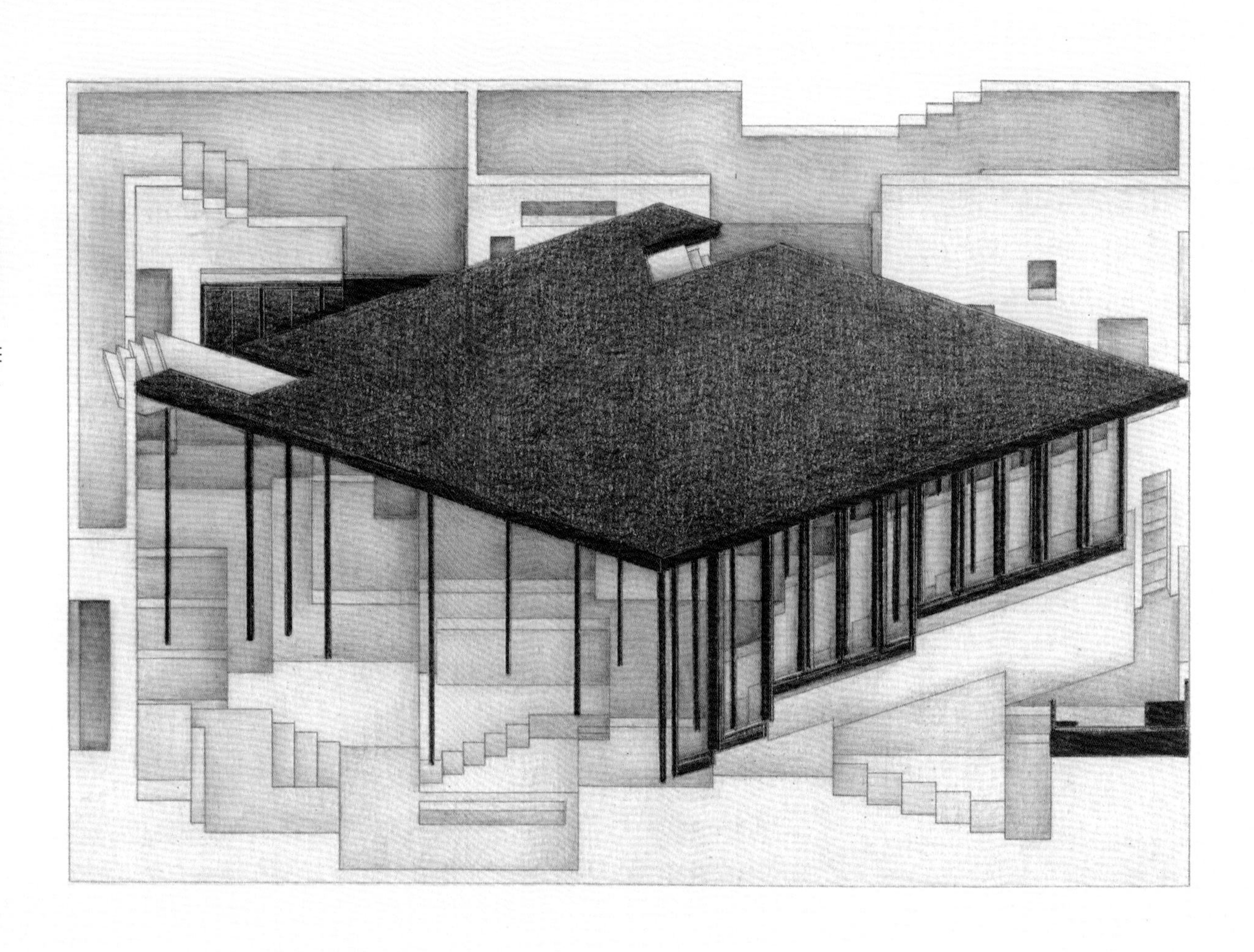

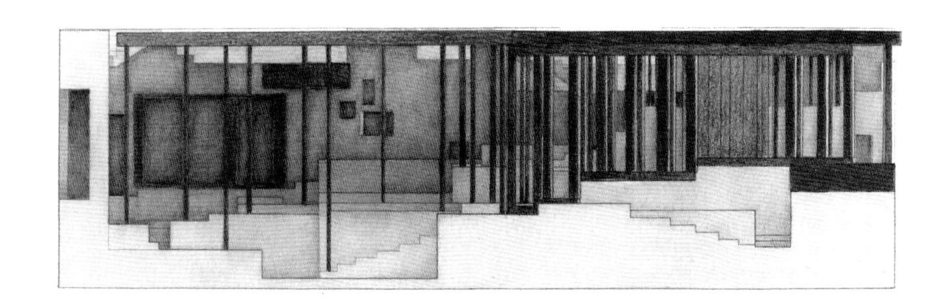

山房房山

以山观房为山房，以房观山为房山。山与房可以互成观法，如今连缀为山房房山一词，是为应和计成之“居山可拟”。这是中国造园之大小之法：亭不计山小，山不嫌亭大。亭作菱斜状便于激活亭与山之对话，感知亭的透量与容量，凸显山之呼之欲出。

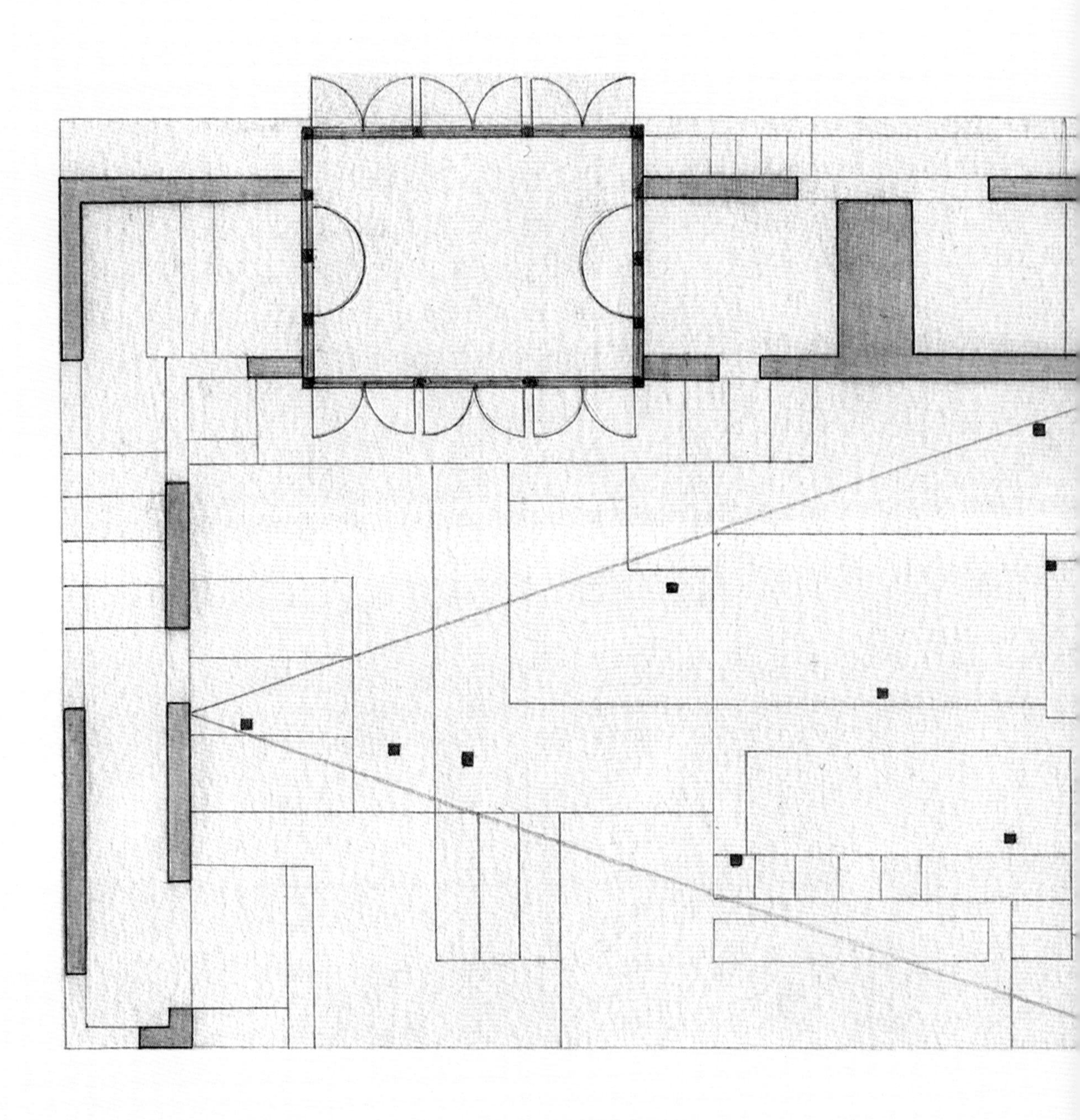

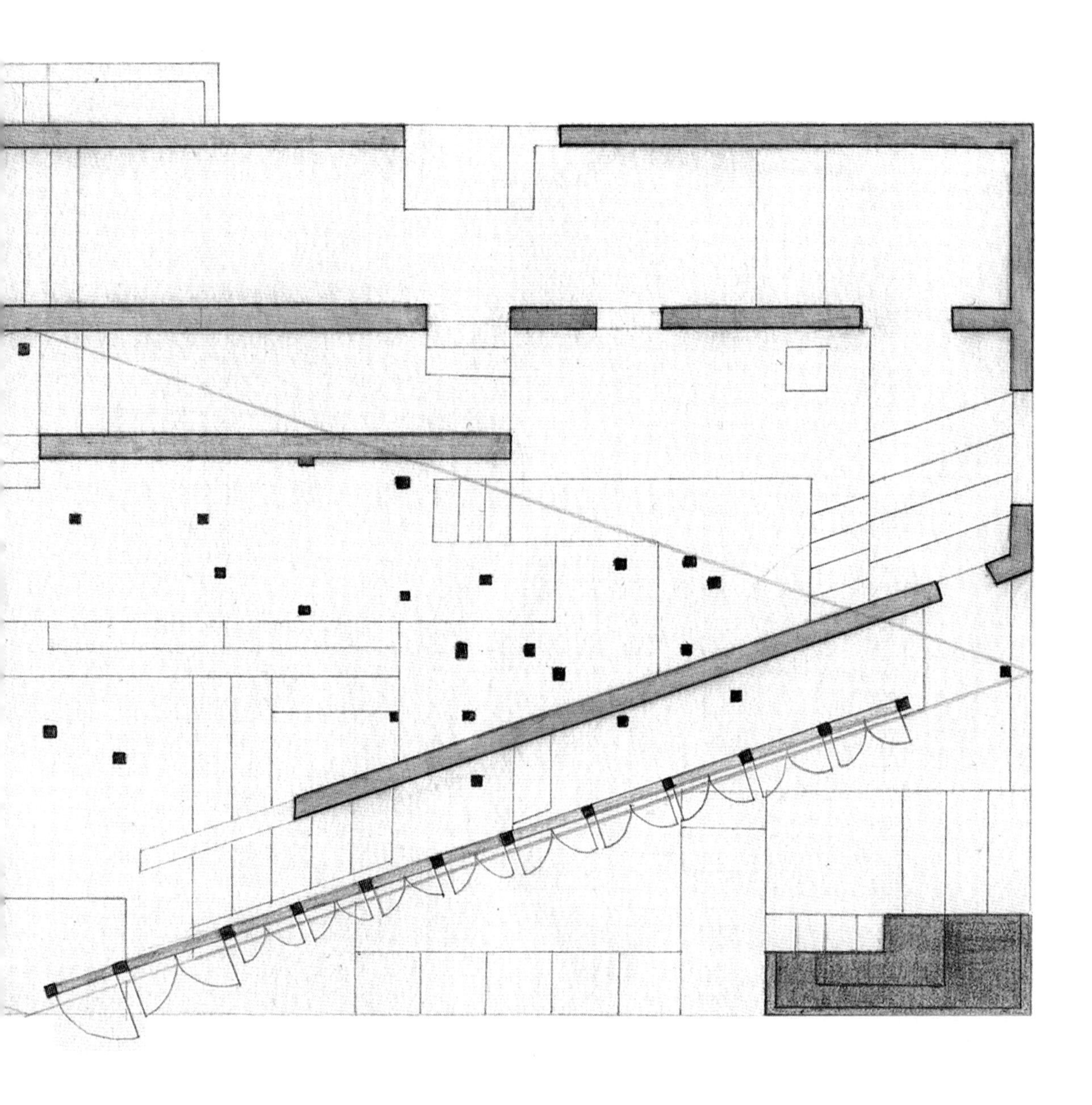

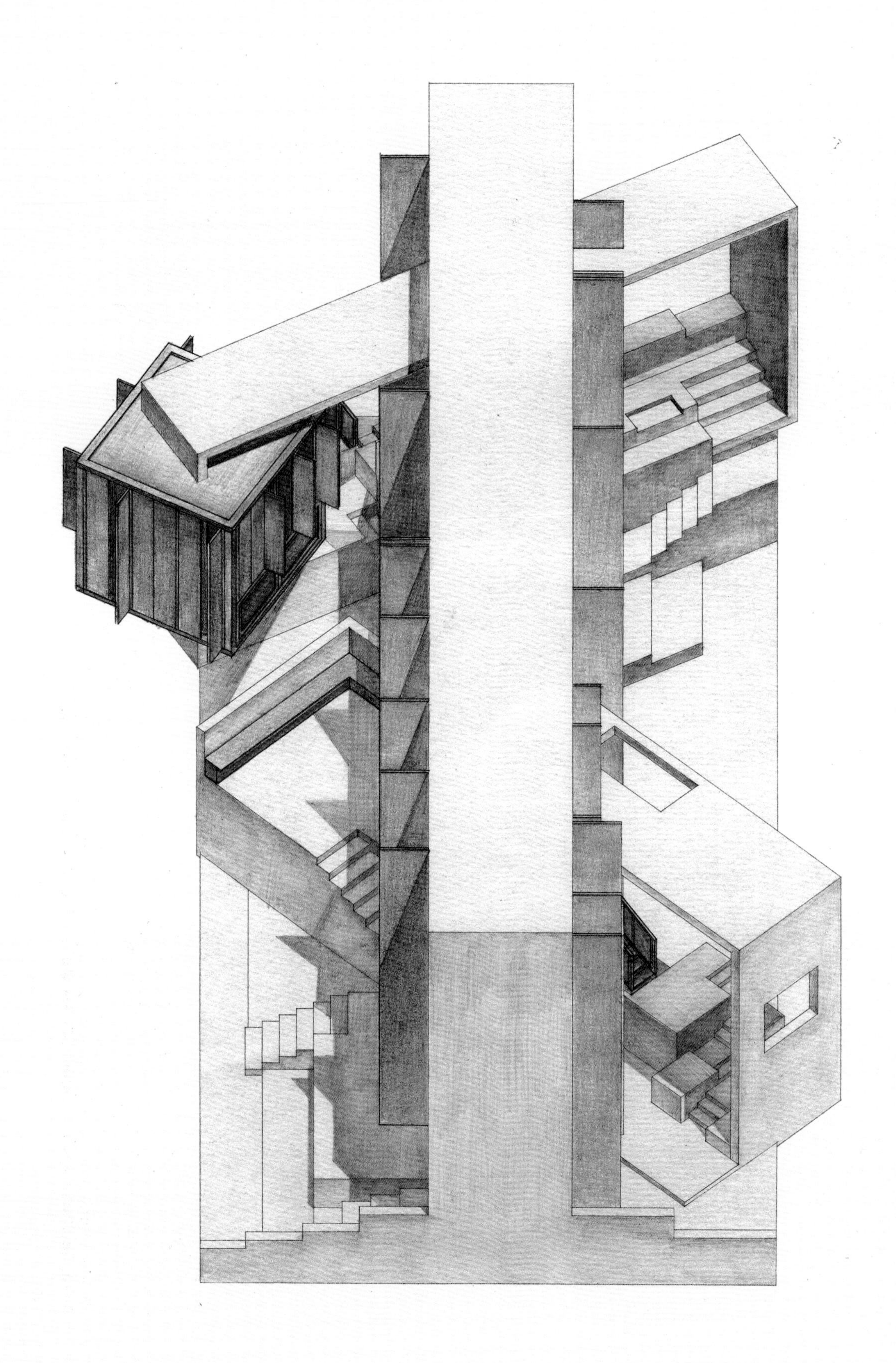

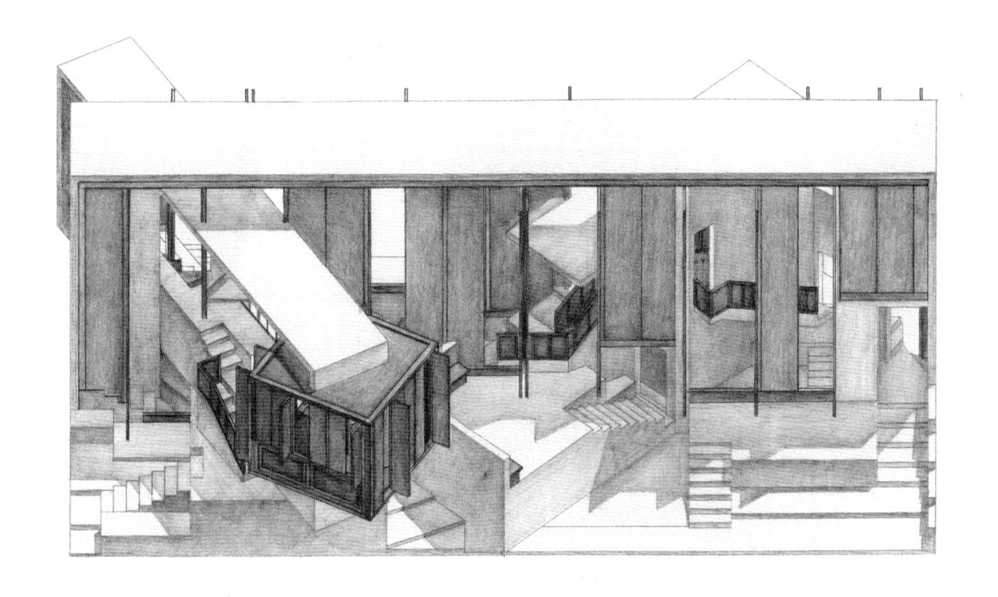

门障世界

取法明清传奇木刻插画中室内外对观的超近景方式。

门的存在不能被熟视无睹，门的那边是另一个时空，门的两边是两个世界的对望，门是一个过场，是一个关口，是一个转换器，是对越界本身的重视。门决定了我们看对面世界的观法，门本身就是薄薄一片山水。

分面间聚

传统山水画，主体为山石，画山石有其程式法度：一要分面；二为聚，聚三，聚四，聚五……三为间，大间小，小间大，石间坡。分面、聚、间三法皆为构造山石之凹深凸浅，所谓：石分三面，参合阴阳，步伍高下，称量厚薄，矾头菱面，负土胎泉，穿插咬合，间杂他物。此三者定石之型势也，亦定山之型势也。

画石法类同于造园建筑，型指类型，势含于型内，亦关乎群体。

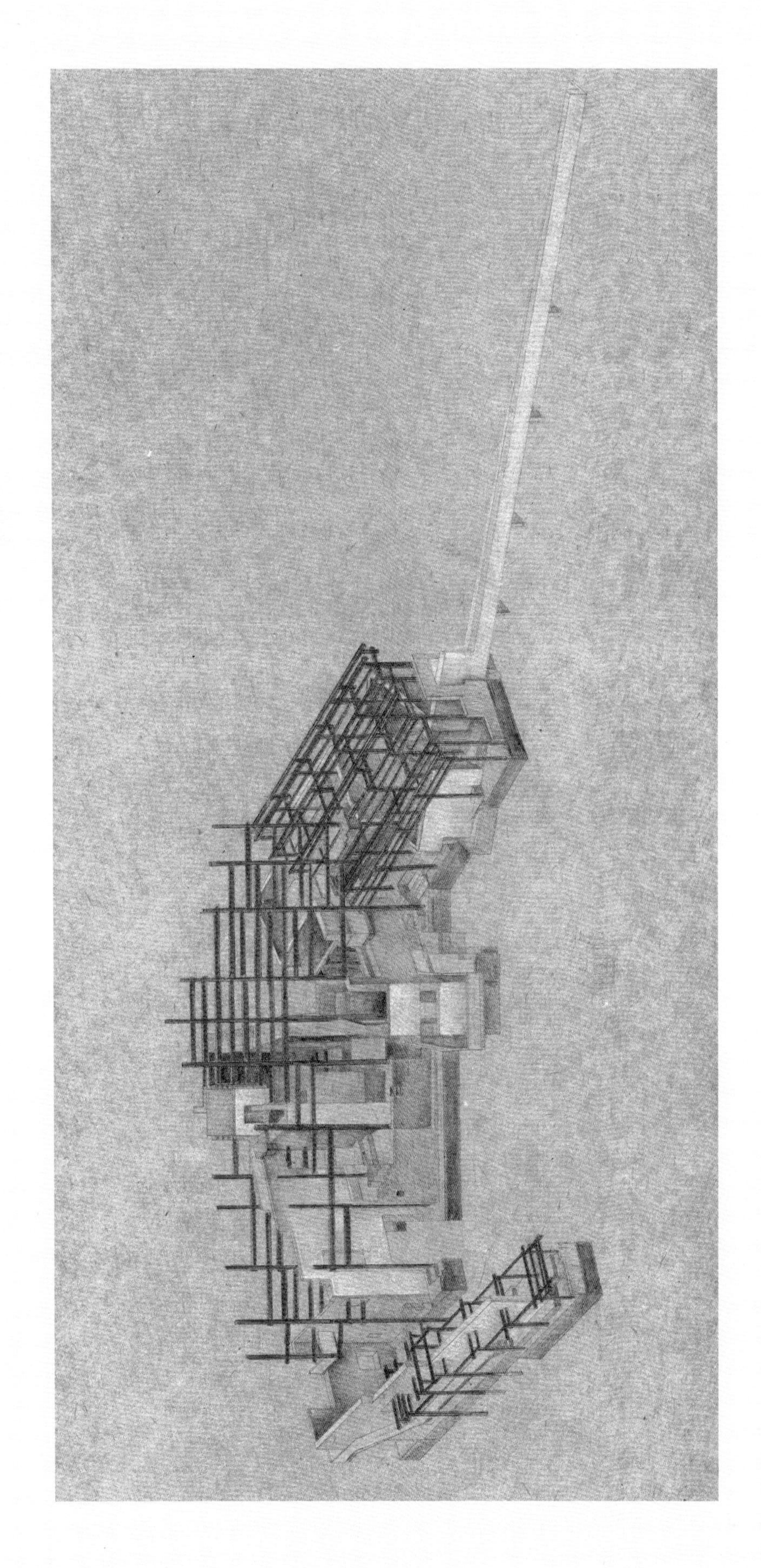

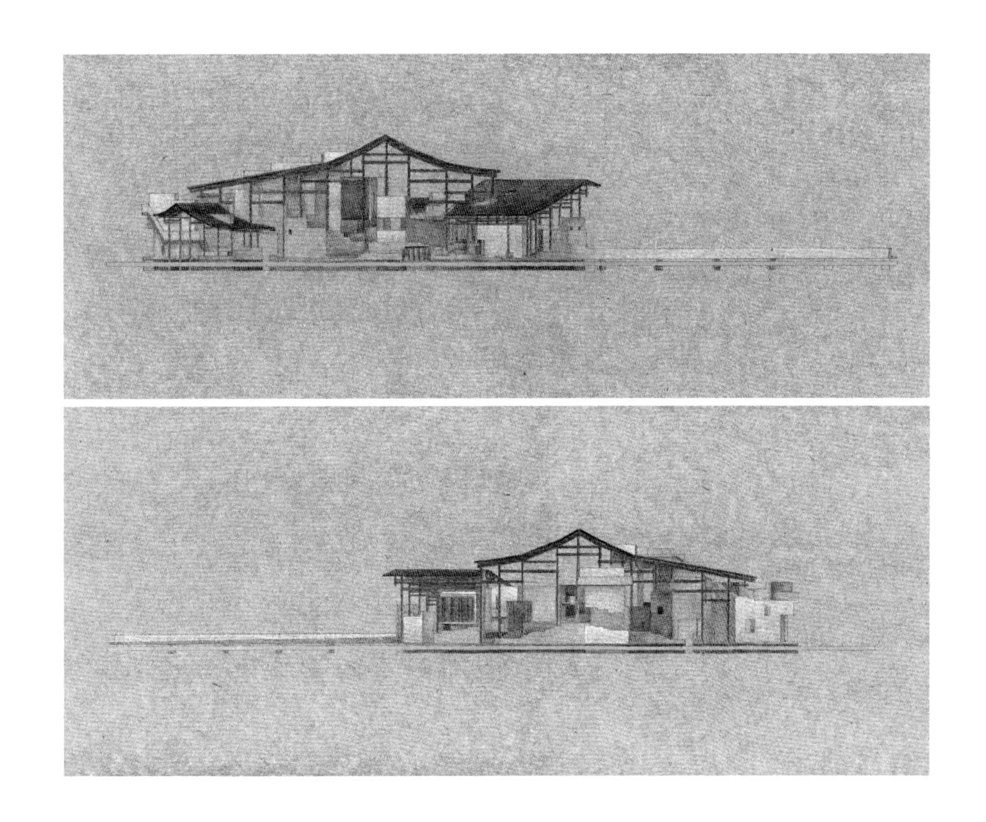

屋下林泉

山内观山，山石皆在繁枝偃盖之下，山被林木翳蔽着，林木是大屋，是连绵不断的大屋。在南方，山的经验多是内在的，少有外观；多是局部的，少有远观。

屋下林泉是观法的一种反转，有如两宋山水画视野之变异，大小之变源自内外之变：亭不嫌山小，山亦不嫌亭大。

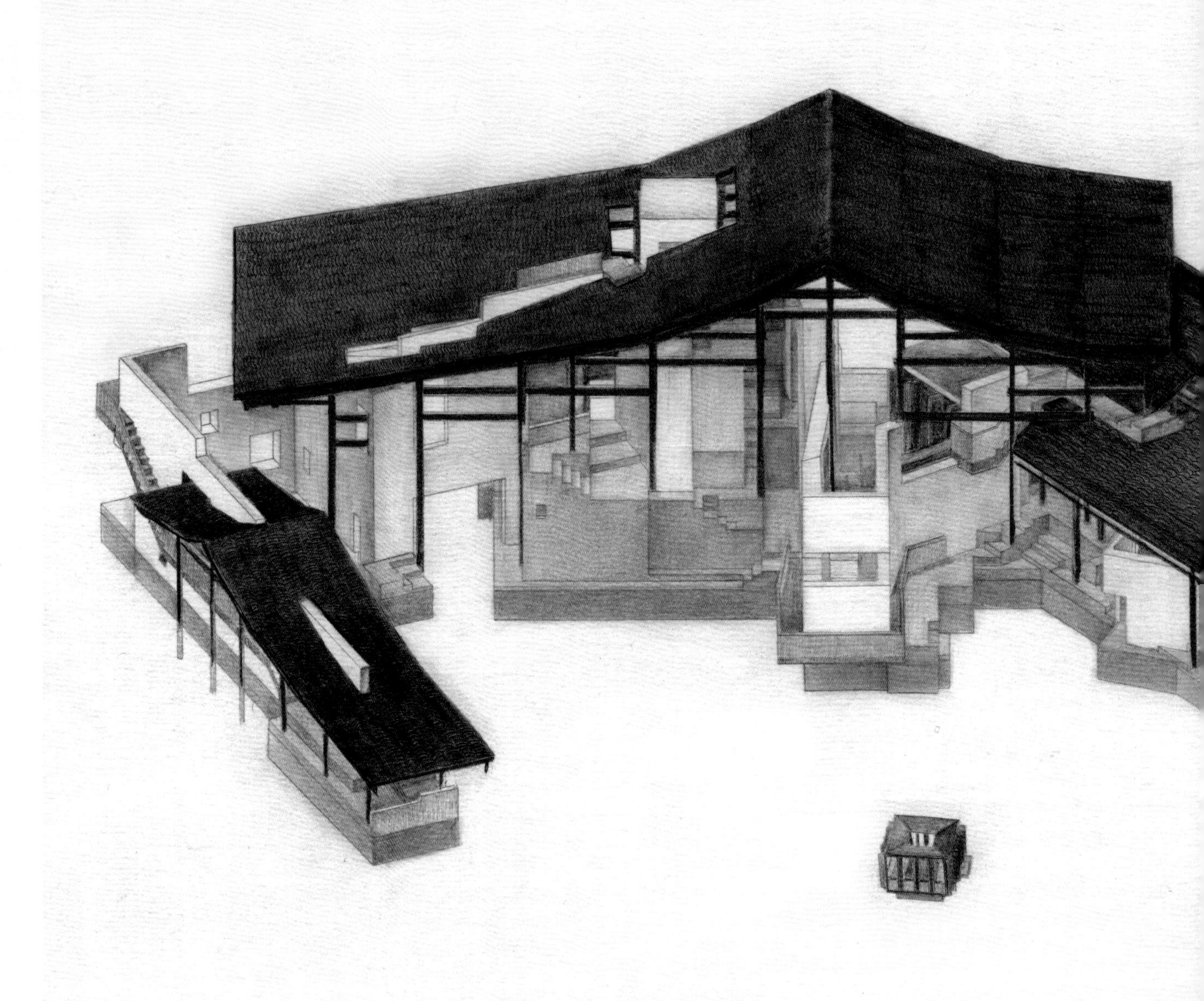

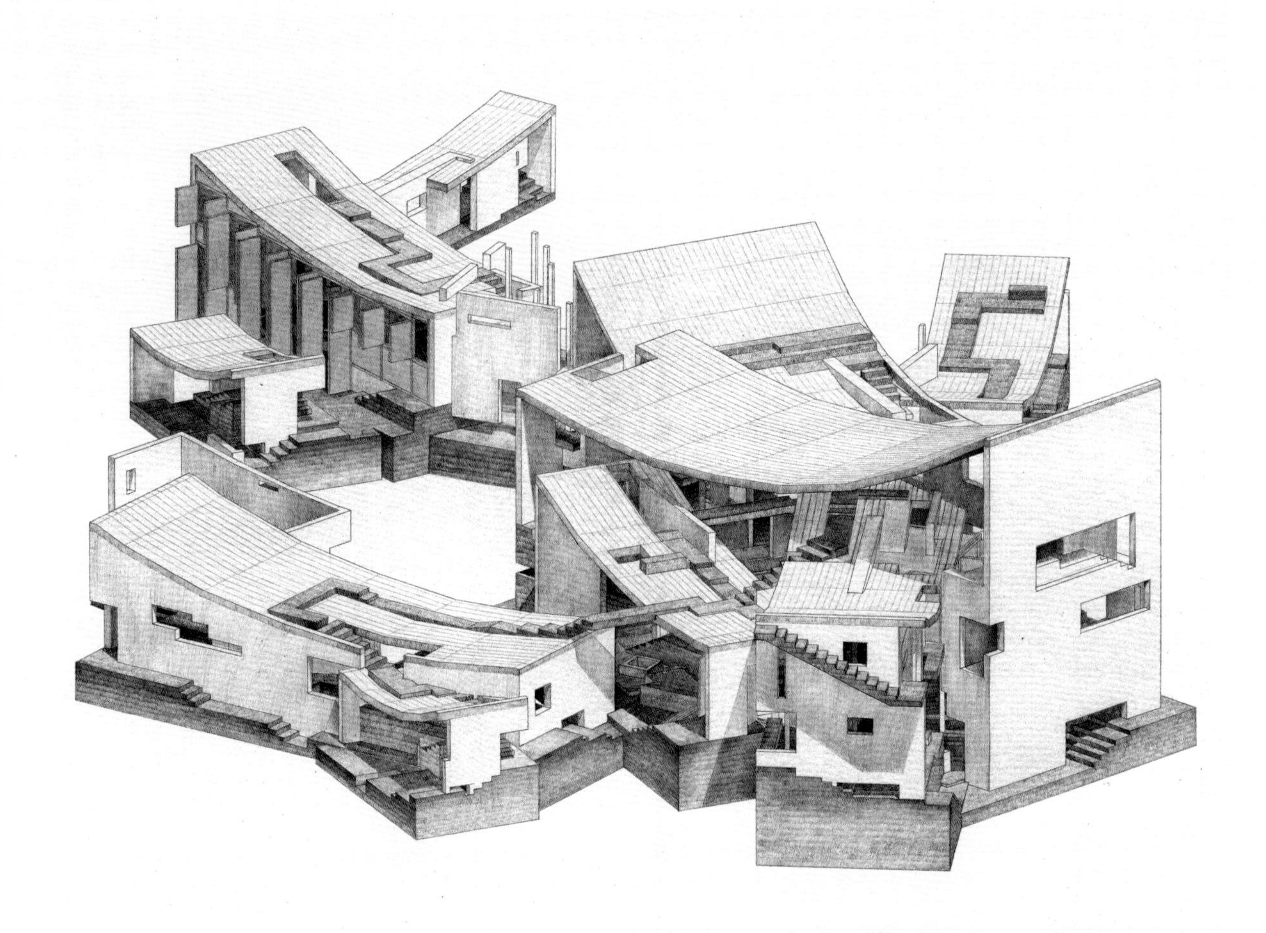

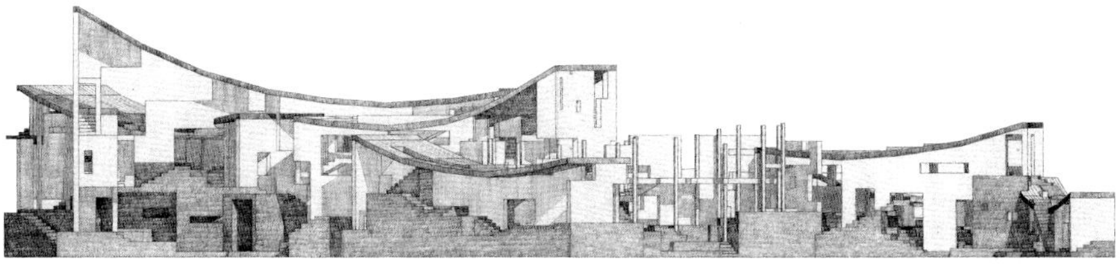

溪岸塞船

旧时运河行船，常有塞船的时候，严重时要一两个月才可疏通。船上的生活不会乱，生活起居杂什一应俱全，船之于船家而言就是家，就是庭院，就是建筑，而整个塞船的群体，就像是一个热闹的街市，一个短暂存在一两个月的街市，各船高低贵贱大小载人载物皆有不同，自然偶发地穿插在一起，南来北往的人与货物在此无奈却惊艳地相遇。

我一度妄想陷入那个场景，看高下，看俯仰，看间杂，看斜正，看那层层叠透，延绵十里。

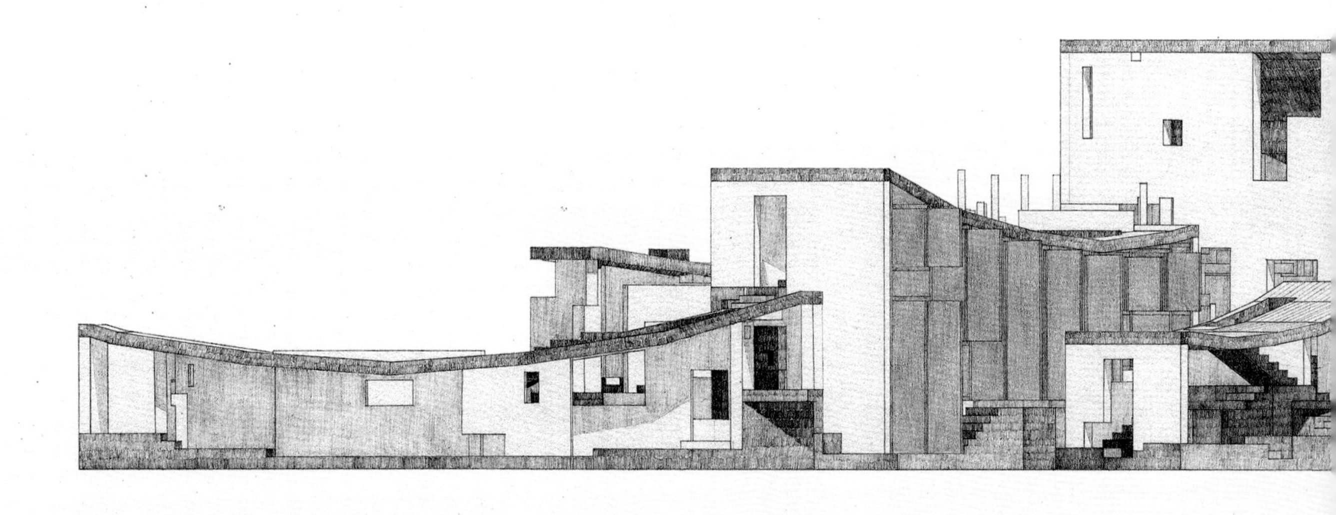

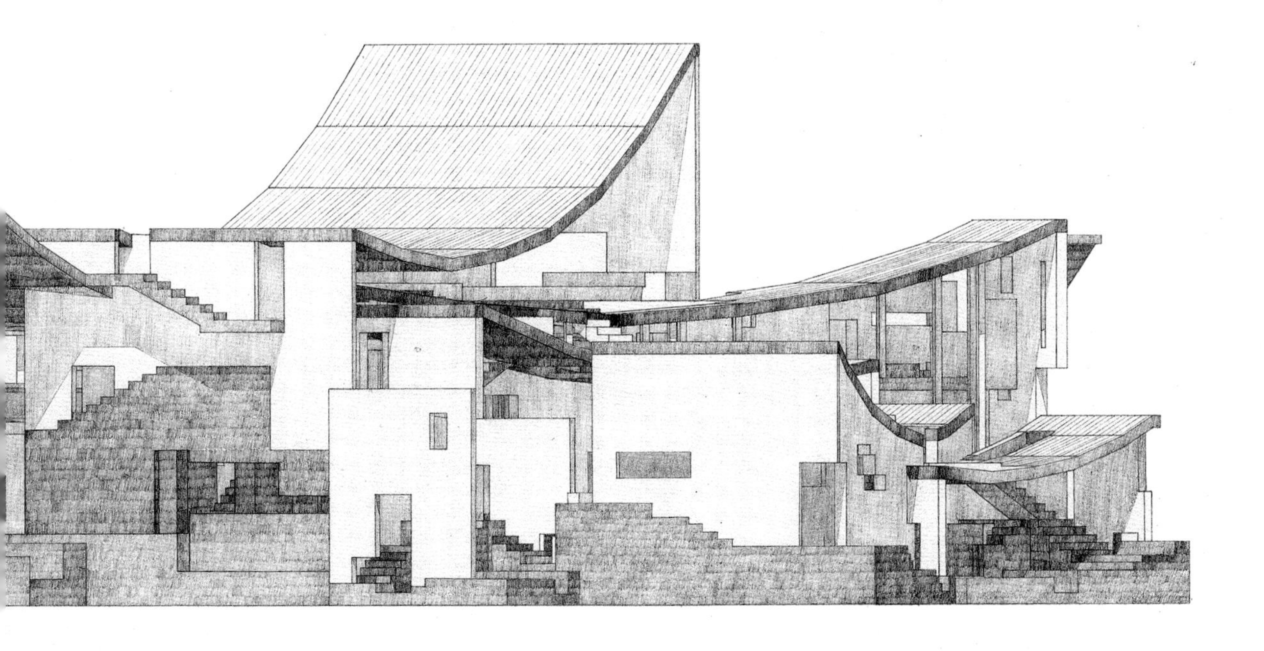

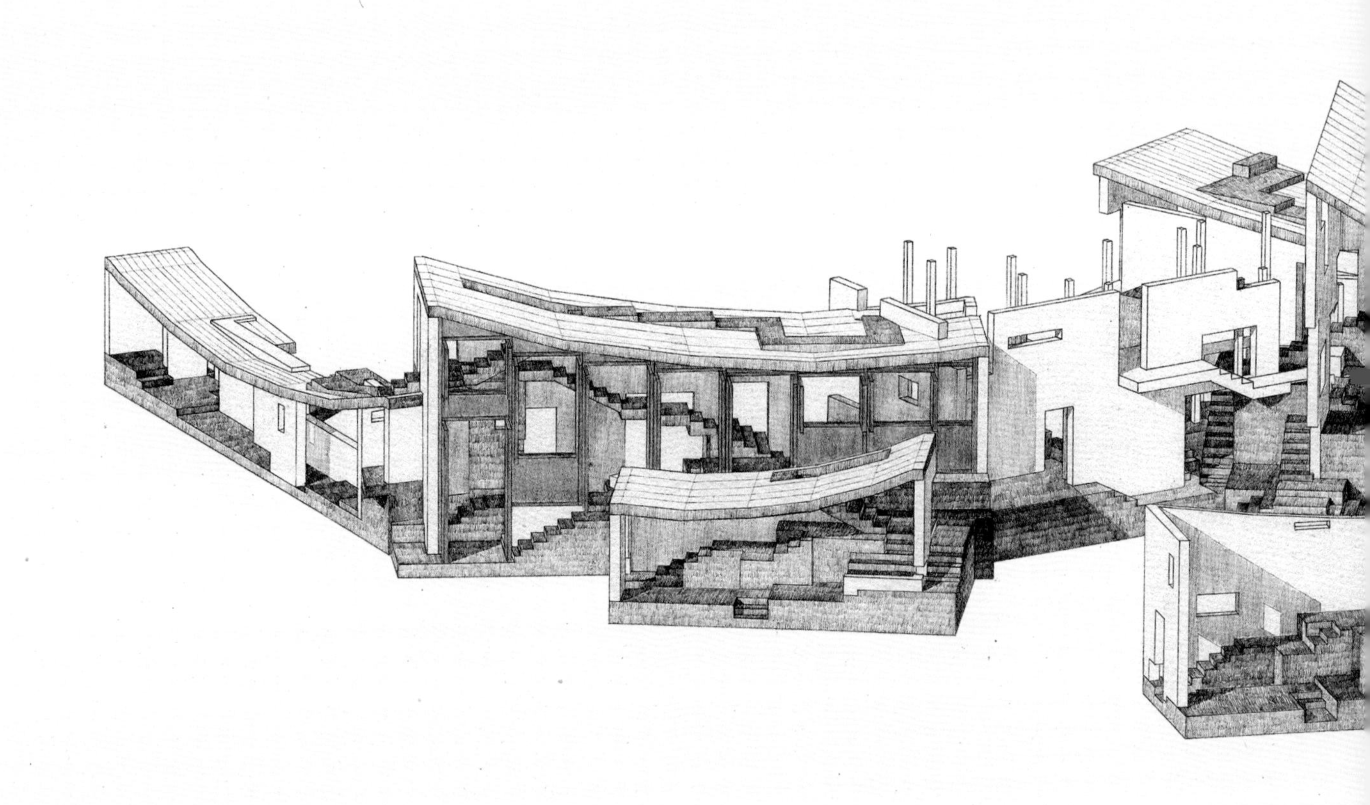

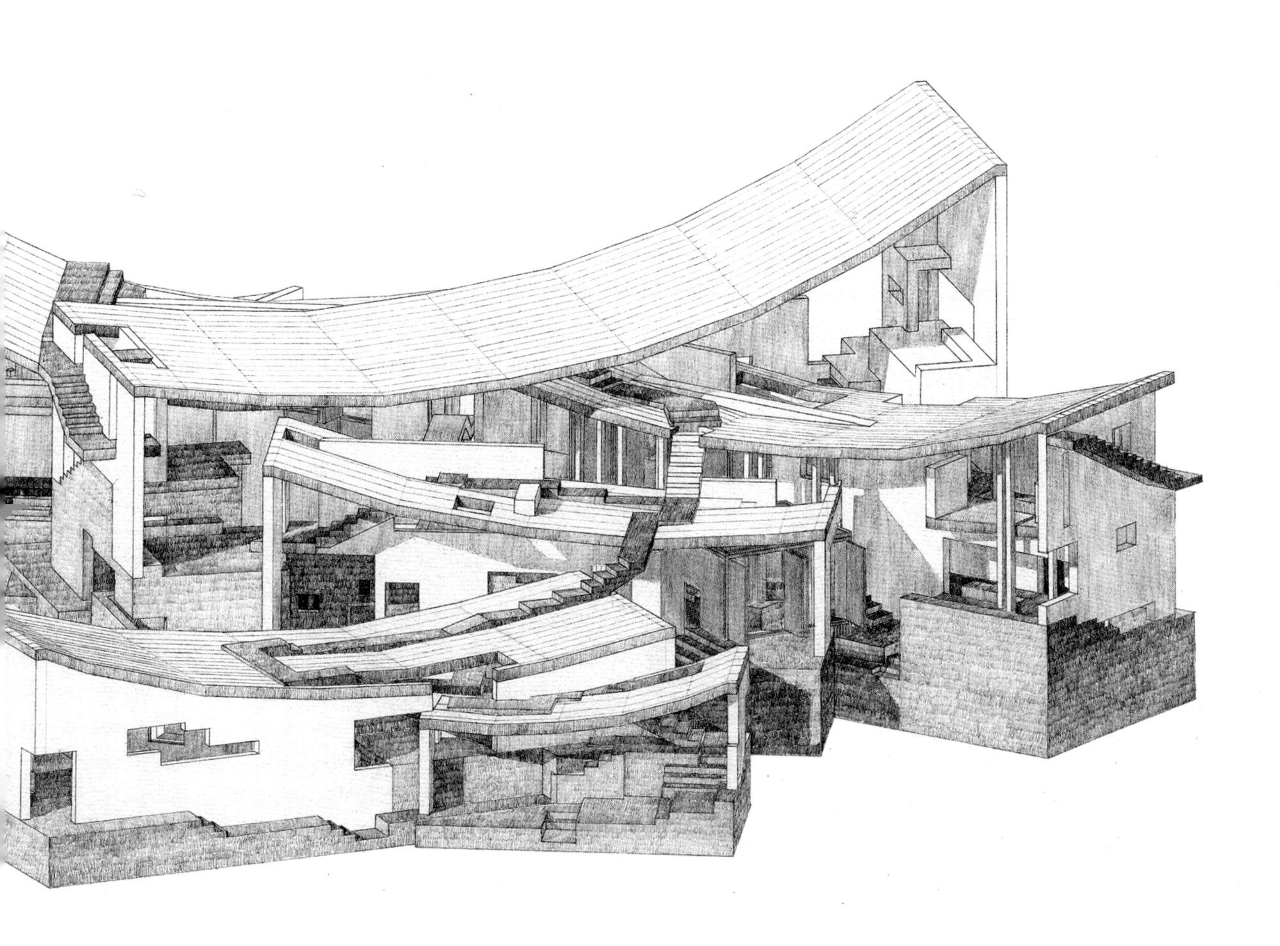

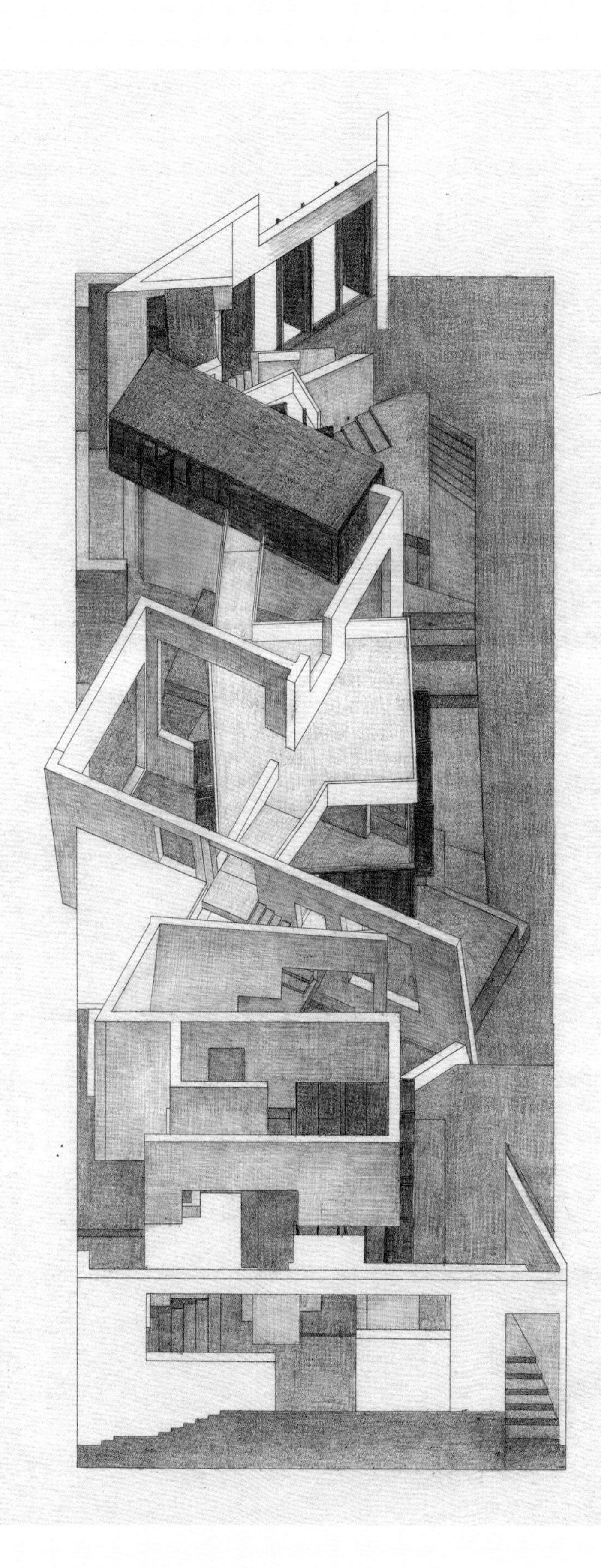

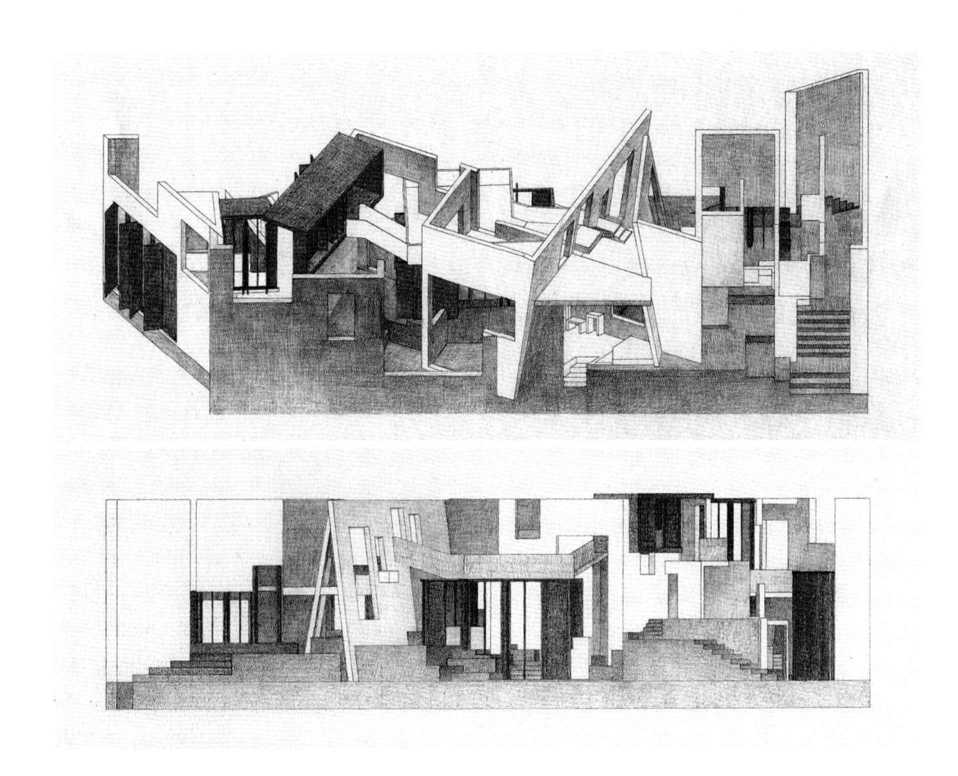

之山折水

山水画的“之”形构造，原意在于山林经验的展开性表达。不仅为展开，亦有所折合，之便是折叠收展开合翻转的基本图解。但这个图解的最终意义不在其与绘画构图的形似，而在于它之于人的身体性经验：折展与指示，阴阳向背，辗转反侧，俯察抬望……在身体中显山露水。

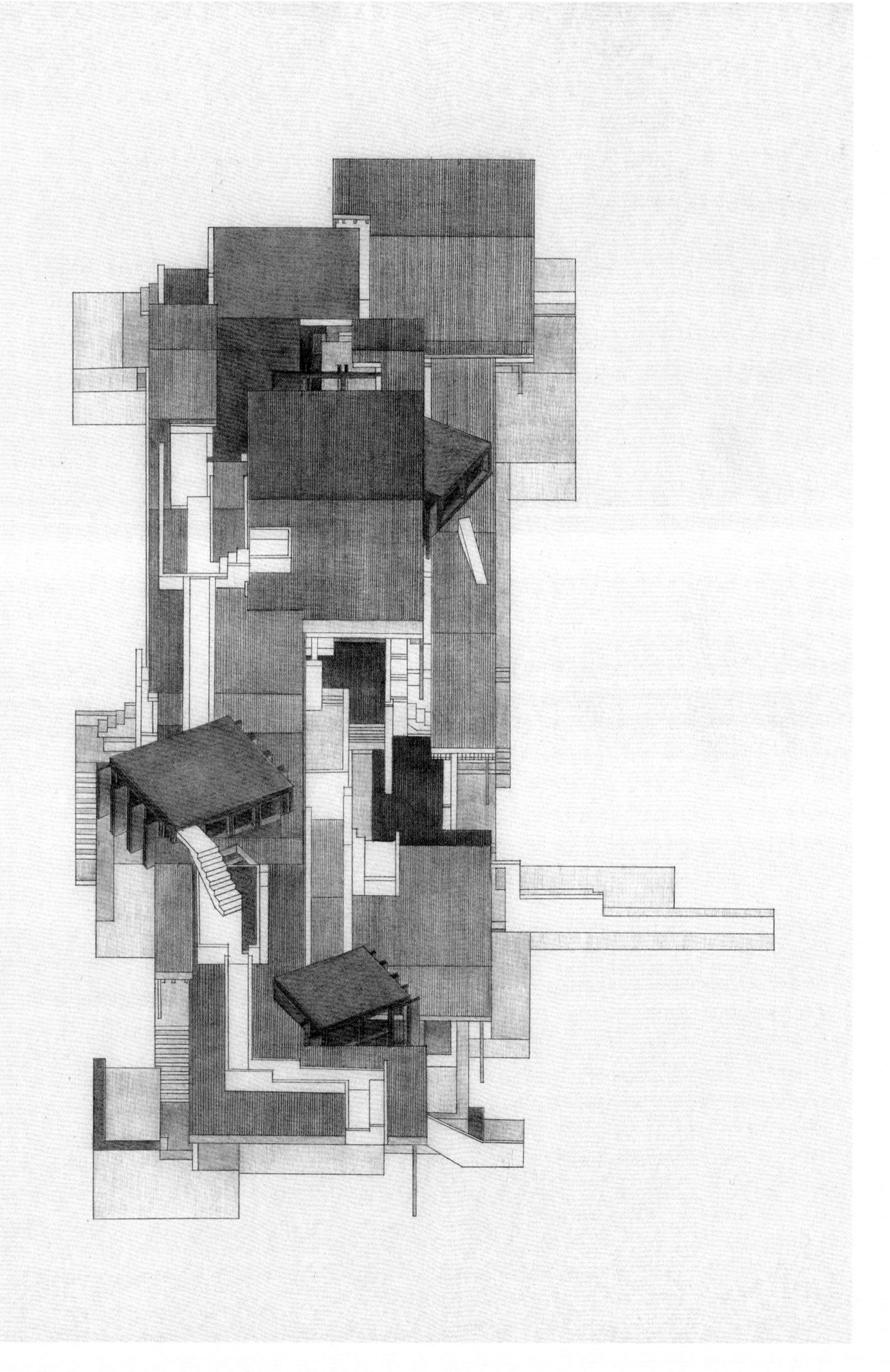

折坡平远

平远的一种，视野取其扁阔，横陈眼前，事物作水平层次的反复交叠，左右抽错，前后套叠。这样的层次，我们是可“遇”而不可求的。不能试图整体分解，而是要交予“偶遇压合”，是同类异型的杂交，是传统街坊联宅，是湖石叠山。

观器二则

她比照着萧云从的一幅山水长卷，以「门口」的视角，萃取并融合了同组七个无关的设计的局部，这些局部借「入口与过场」的方式获得了转义与再生，以断面的方式做了词表式的陈列，仿佛另外一面的多个世界同时向你展现着它们的妖艳衣角。

杨滋说：「这是桃花源的扎堆出现。」

我说：「有没有桃花源都不重要了。」

观器十品

观器十品，是我给建筑学入门课程所作之示范临本，是有关于传统绘画与造园中“观看”方式的基本分类之陈列，共十品：

匡裁三品：仰止、透漏、下窥

洞察四品：递进、分眼、斜刺、磨角

间夹三品：透视、闪差、留夹

十品正反分布，双边互塑，不紧不松，是一种并置性的陈述。如旧时儿童习字的仿影描红：“上大人，丘乙己，化三千，七十士，尔小生，八九子，佳作仁，可知礼。”虽半通不通，词汇罗列的同时，隐含了词汇之间的关系与潜在的可能。不是客观的拆分图，而近似黄荃给其子居宝的示范画稿《写生珍禽》，亦如法常的《写生果蔬图》，陈列不相干的单体，却有经营位置，有疏密得宜，甚至刻意的时空异度并置，水陆不分，雪中芭蕉，不可能的相遇……单子在多种陌生化的发散的斜向的关系中被传授，供想象玩味。在特殊背景的异度联系当中，单子活脱出来，熟悉却异样，这绝对是对语义剥解的一种特殊观法，有着禅宗般的智慧。

观器十品，是极度精炼的词源表。品，代表了差异与分类，更代表了文化结构下的分类法与视角。只有建立差异与分类，才有媾和出新事物的可能。虽寥寥十个词语，却在开门之时，培植了建立语言的意识。它们更大程度上不是设计，而是一组原型，但角色俱备。它们是多极指向性的，随时取用，发展出新的东西。

语言必讲传承，传承需要有临本。最好的临本不是供着的，它可供随时的玩味与摆弄，玩味是反复的观想心得，摆弄是反复的群体偶遇性构造。传统中国人的种种“器玩”与“山子”等，个个都是最好的临本，它们是活的，不是摆件物体，个个都是观想模型，是世界的新版本，在文人生活里，它们无处不在。为什么临本一定是一种文献式的东西呢？在我看来，器物对传统的承载远远要比文献可靠得多，具体得多。

观器十品，我一直想把它烧造成一个大瓷器，横置于书案之上，作为盆栽的盆同时也是笔筒，亦是一方砚台，合成一个案头小园，供我用度与观想。而它亦可成为足尺的房子，散落于城市，横陈在林泉。

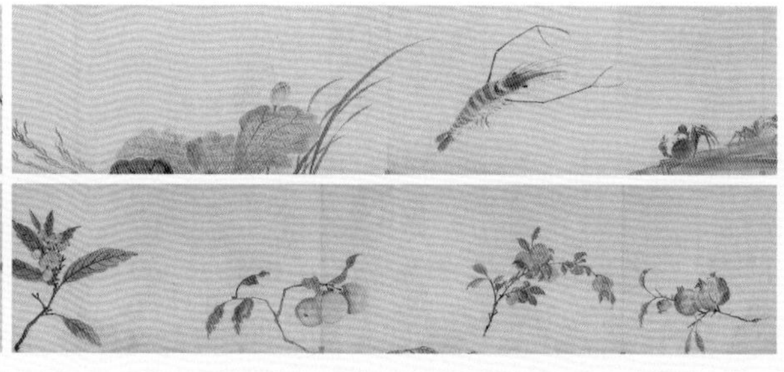

1

图1：南宋·法常·水墨写生图卷

图2：五代·黄荃·写生珍禽图

图3：观器十品模型

2

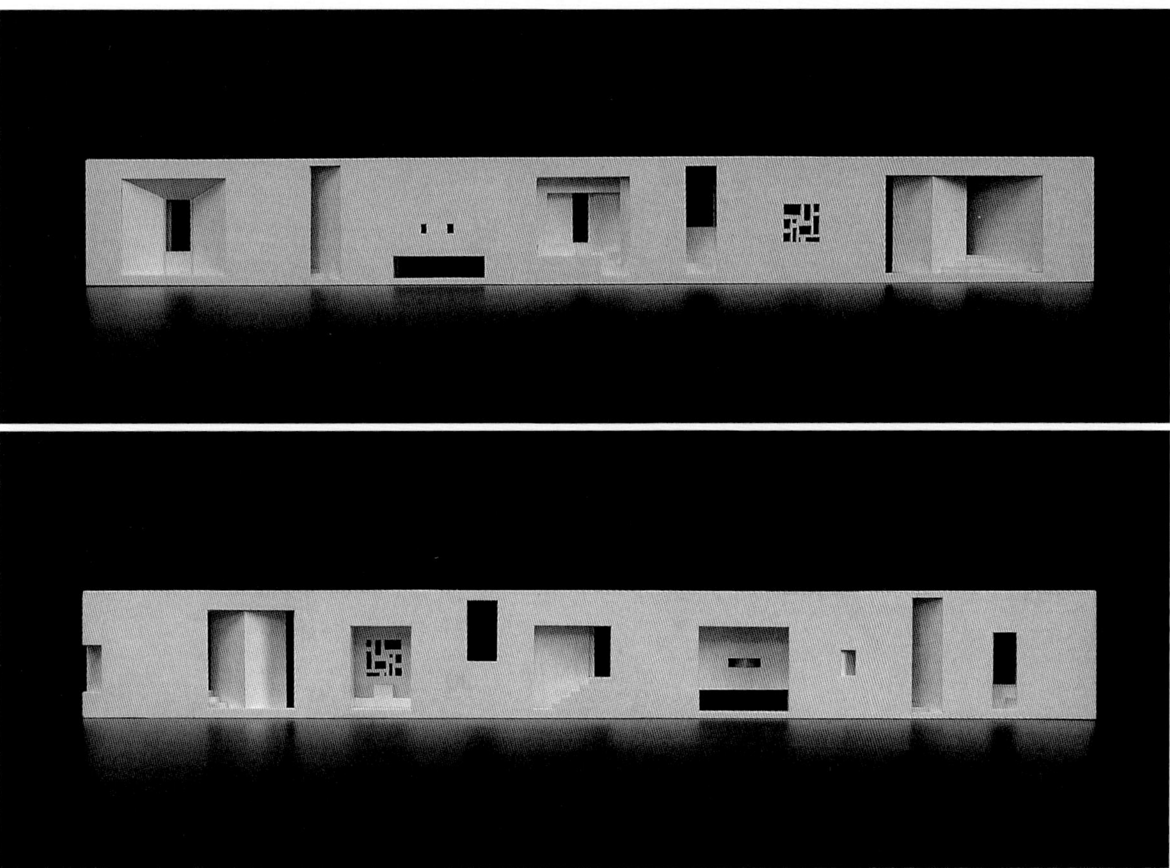

3

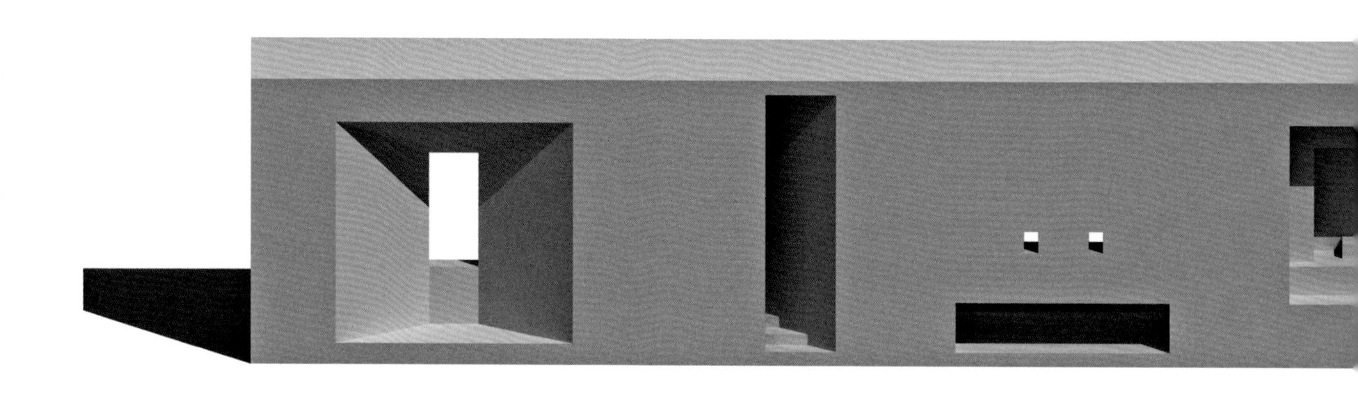
透视
闪差
分眼

下察
磨角
留夹
透漏
仰止

仰止

透漏

留夹

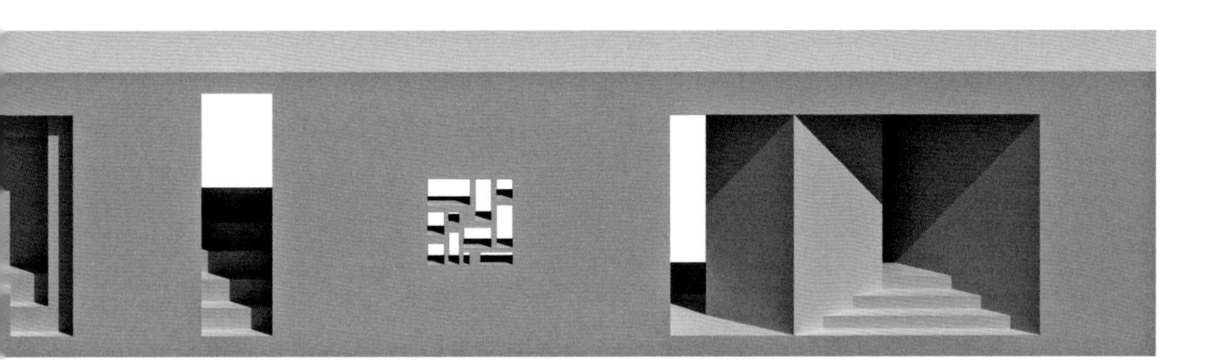

分眼

斜刺

闪差

下察

正轴测图

观器十品

匡裁
仰止 透漏 下察
洞察
递进 分眼 斜刺
磨角
间夹
透视 闪差 留夹

二零零九年十月

桃花源的七个入口

这个设计的想法源自十几年前，在浙南，我路过一个村子，村子边开着许多家钓鱼场，沿着一条高墙，一字排开，高墙的正面是各家钓鱼场的入口，高墙背面是养鱼池。各家通往鱼池的入口因为房子的拆拆建建，全然不同，且口子视觉通达，透过门外的台基、院门、大树、院子摆设的层层套叠，望到墙内绿荫笼罩之下的一汪池水，与我站立之处有着彼岸般的时空跨度，令我神往。而这些入口的决然差异，总让我以为它们通往不同的地方。我越过那道墙后发现，它们几乎共用着一片鱼池，平平淡淡，没有分隔，没有任何不同。失望之后，兴趣却愈加浓厚，我神经质地穿越了多个入口，以体会那种虚假蛊惑的不同。

我撤身出来，站在路边再次观看高墙的正面。这些诓人的入口啊，纵然我已经知晓你们背后的无趣与苍白，我依然深受你们的诱惑，依然假想着每个口子通往各自不同的内部世界。

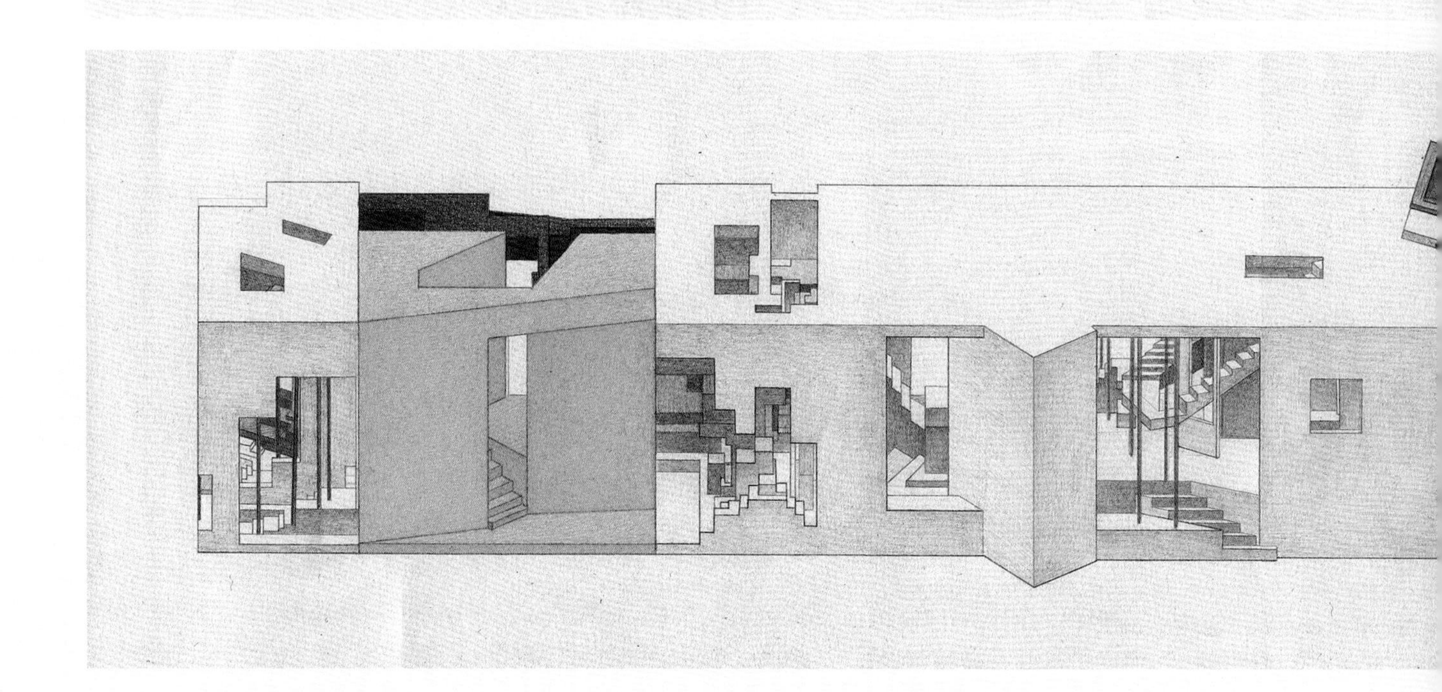

学生杨溢听了这个故事，惊喜不已，决意要实现这个偶遇的钓鱼场。

她比照着萧云从的一幅山水长卷，以“门口”的视角，萃取并融合了同组的七个无关的设计的局部，这些局部借“入口与过场”的方式获得了转义与再生，以断面的方式做了词表式的陈列，仿佛另外一面的多个世界同时向你展现着它们的妖艳衣角。

杨溢说：“这是桃花源的扎堆出现。”

我说：“有没有桃花源都不重要了。”

桃花源的存在，在乎通往桃花源的口子的设定。每一个桃花源都该有其独有的口子，这是门的厉害之处。

这七个入口，不分正反，可以双面地诓人。世界的不同，可以仅是门的不同。

设计者：杨溢
中国美术学院建筑艺术学院 2012 级学生

指导教师：王欣

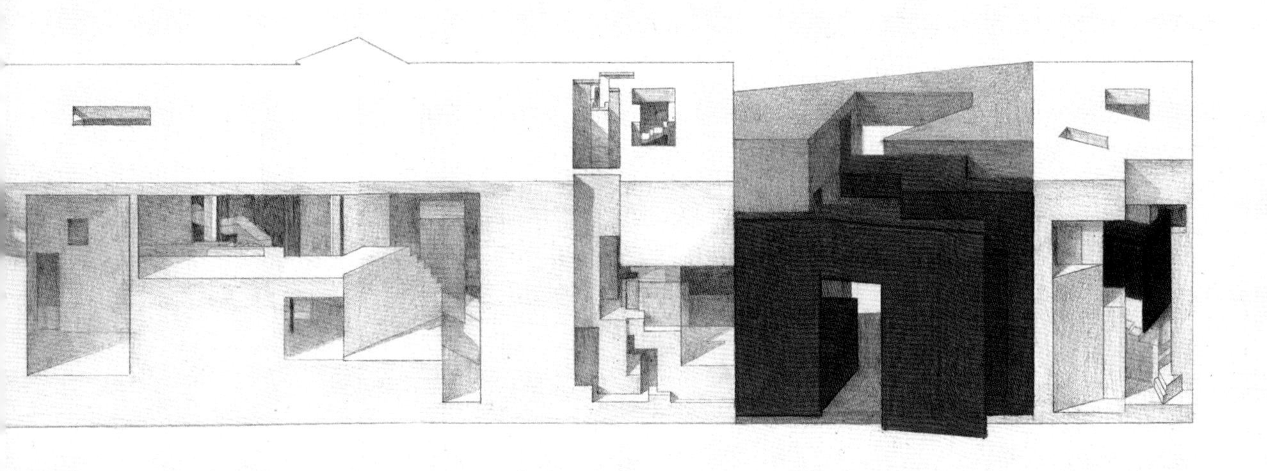

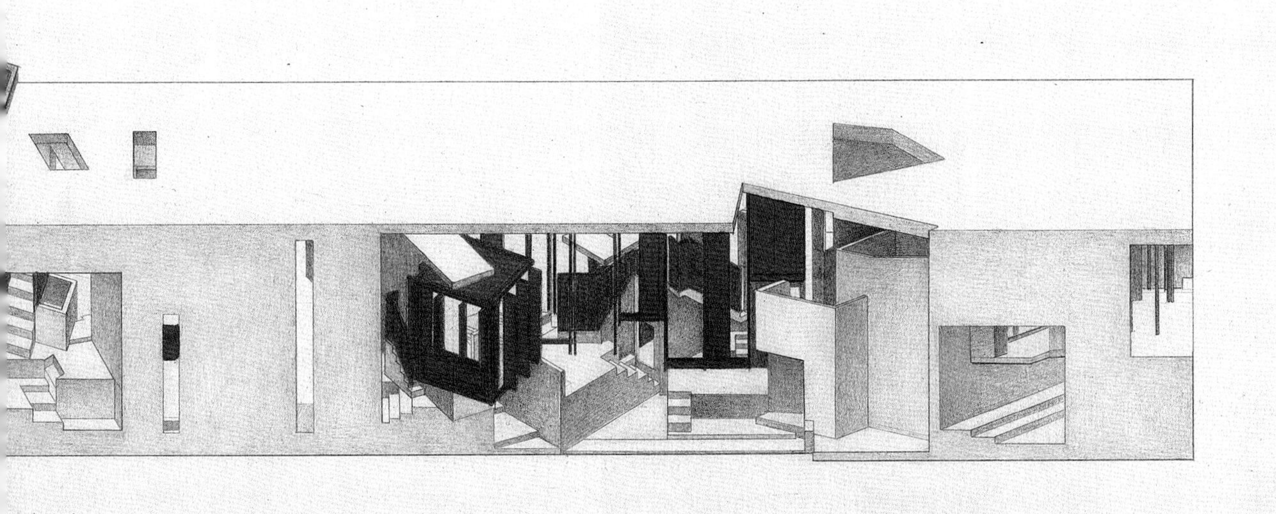

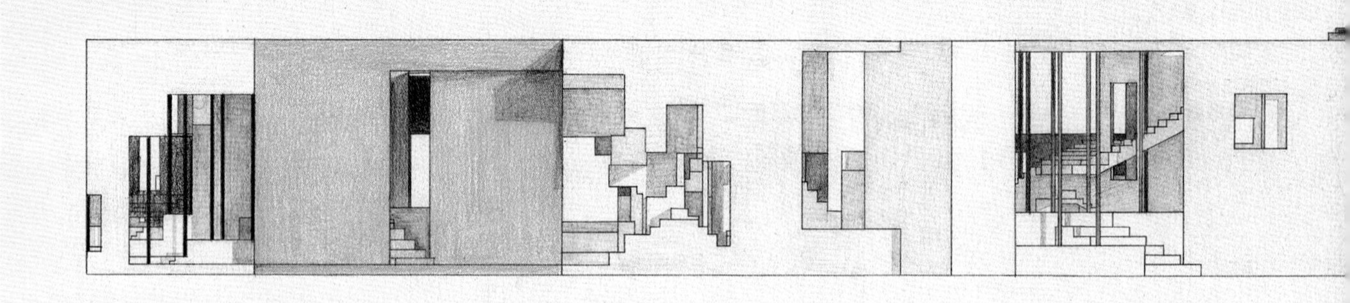

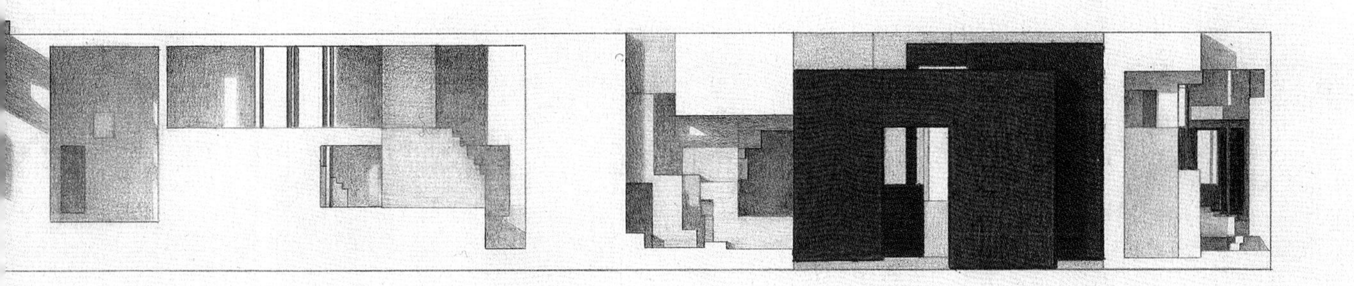

熙春弄·破境·密林茶会

在杭州，遇到王澍先生，说中山中路的旁边有一小块空地，问我有没有兴趣给补上。我想总是好玩的事情。于是一起去看看。很小的弄堂，缺了一个口子，原来的房子没了，但是一围老界墙还在，从街道一直看到缺口的底，底墙有一扇红漆旧门半高悬着，其下是原来楼梯的残影。这是踏入场地第一眼撞见的，心牵扯了一下，总是预备着「吱呀」一声，一个另外世界的人要走下来。

以后的一个月内，我又去了三次。不为别的，就是想找一个地方「掉」进去。败墙瓦砾，红门小窗……仿佛房子猛然抽去，我独遗于斯。我想，这应该是对「内部」的依恋。旁边就是熙春弄，仅几步之遥。

熙春弄

熙春弄，一个很艳雅的名字，是杭州当年著名的“南瓦子”。

这个名字总有想在弄堂巷子里面剥出一个美人来的感觉。这是传统的极度细密繁缛喧热的内部被高墙围裹起来，却难得一见而积攒的感受。

我想，就做出这样一个时刻：

在这弄堂里，忽而一堵高墙轰然倒塌，瓦砾的那边，一个包藏数百年的精致纤浓的世界顿然暴露出来，里面一堆中世纪的人们。一个晚明的庭院集会被撕开了表皮，在时间的两边，两境相遇。这一刻，有些人大恐，惊愕地看着墙外的我，有些显然还没有反应过来，继续着交谈与表演。这个瞬间却也良久，容我细细打量：观去，人物层层摞摞，交杂于柱间，墙洞间，隔扇间，桌椅几案间……高亢的房顶，梁架精密……这么一个阴影之下的，杯盏丝竹纱帐罗裙青发牙板嵌刻镶边的，细细密密的洞天。

这使得我特别矛盾，很想进去，很想加入，却怕扰了那个世界，只好一直站在外边。

一个浓缩的过去的断面。就做出这个时刻吧。

破境

《鄂不草堂图记》载，“乾隆己巳，余客岩镇时园荒无人，尝以岁除之日，与桐城王悔生披篱而入，对语竟日，朔风怒号，树木叫啸，百叶荒草，堆积庭下，时有行客，窥门而视，相与怪骇，不知我两人为何如人也。”

这是两个时间在一个断面当口的对望。这种直接隔世相望，是桃花源抛弃了“缘溪行，山有小口，仿佛若有光”等等埋伏与过渡，以大断面、洞开、吐露的方式，在某个转角刹那撞见。这是两种时间的直接交会。

张岱认为，所谓的真实世界，不过是人与神各显本事，各尽本分的交会之处而已。他有意寻找这种交会的瞬间。《陶庵梦忆》里记有《金山夜戏》这出人神际会：崇祯二年，张岱半夜驱船往金山寺，黑夜弥漫，月冷肃杀，一头撞进大殿，如破时间之界。而后，命仆人拿来灯笼道具，竟自顾自在大殿上唱起韩世忠退金兵之大戏来，一时锣鼓喧天，全寺人起身来看，“有老僧以手背搓眼翳，翕然张口，哈欠与笑嚏俱至。徐定睛，视为何许人也，以何事何时至，皆不敢问。”等张岱唱完，上船过江扬长而去，遁于夜色之中，“山僧至山脚，目送久之，不知是人，是怪，是鬼”。想必张岱此番自由出入人神之境，破时间之界，吓倒一片，一定得意洋洋。

这个断面当口，我谓之“破境”。《金山夜戏》之破，是张岱由客的身份撞入神境，而后反客为主，夺了神境，逆了时空。

而我所关心的是破境提供的一种独特的观法。境，界也。破，断面的方式。破境，即是两个境界转换的当口，一指捅破的刹那。

言其破，一为姿态之破：

切腹，撕皮，外翻，断面之破，以脏腑泄密的带有些主动的方式，使得重新建立一种奇崛的内外关系，这种内外的关系，并不是在说一个门洞的后面藏着另一个世界，而是让你一直处在两境的交混与犹豫之中；

二为时间之破：

把原本属于内部的东西，以一种断面的方式翻转出来，这种呈现往往带些许生硬。主动的生硬能获得“顿然”的瞬间感，让人一怔，那个不常有，是在某种极端偶然之下才能获得的视野。同时他将被放在某个“时间的转角处”，侧身或者抬眼，陡然望见，呆住，懵在那里。

密林茶会

熙春弄那个缺口，是原来深藏内部的打开，这个内部不能再以简单建筑的方式重回内部，而是要成为外部的内部。这是一个有关时间的断面。这个地方要“虚”补。

西边缺口面向着街道，一眼望去，皆是上世纪六七十年代的房子，水洗抹灰，红窗牖，很让人怀念。这面一定要打开，要迎着这些房子，要在建筑的最底部也能视穿看见它们。它们有那个时期杭州很朴实很安静的味道，更是一景。

缺口的北面与东面内表是老墙，表面载着时间的积淀，是一卷世事人情的山水。它将被适度修葺并完整保留下来，我们当它是一个折角画面，如果新补的建筑是一个亭子的话，那么老墙就是构成这个亭子两个面的连续景色。

青石框门，半埋于地下，似乎有个出处。北墙高悬的空窗，是个念想处。顶着墙角的上面是邻家高昂的墙角，里边是个院子。这一组事物在此巧遇，是不可多得的景致：可左顾右盼，可俯仰观想。这个角部一定要打开，一要留空作为院子，二要成为这个建筑哪里都能看到的地方。

南面邻家的新墙，将被爬藤绿化，建筑四面虚邻，又是一面景。

越过基地堆料场的小门，瞥见了最远处的红门。这条对角线的关系，将被保留并强调出来。高高的红门，楼梯的痕迹，总让人期待着惊艳的一刻。底墙是另外一个世界的开始，我们用时常的瞥见与仰望来与那个世界臆想沟通。

新补的建筑既要有看风景的度量，本身又要成为一方风景。它像是一个花架亭子，放在一组山石上面，不安四壁怕遮山，一个亭子应对六面，一个浓缩的极小版本的园林。

基地是狭促的，一个不足 90 平米的地方要现出山水，要小中见大。狭小的门脸，是一个盘山，关联着几个不同的世界。踏上台阶的那一刻，我们便有多个去向：

向内，坠入一个过去时，老墙油松碧叶樟，细窄天空，几步逃逸；

脚下，一个缩尺的山石沟壑，高士图的经典背景，搬山入室；

向上，喷薄而出，青荫红牖，人面俱绿，叶色映衫，暂作古观；

回来，喧嚣的街道，隔着时空，两厢伫望。

这些转换，仅在举手抬步转身之间。

建筑，即是一个观法。

对惠山茶会图的建筑转化

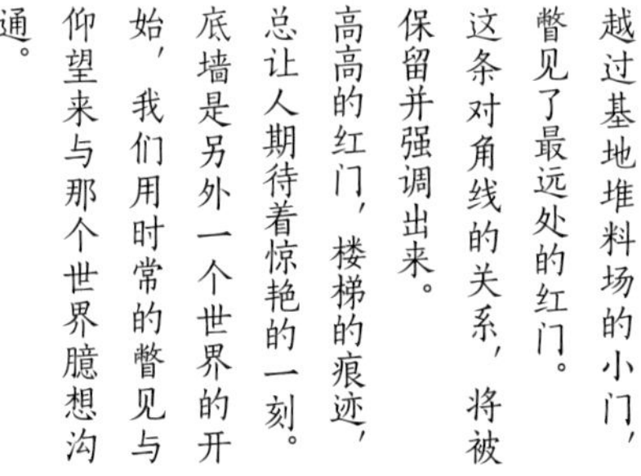

越过基地堆料场的小门，瞥见了最远处的红门。这条对角线的关系，将被保留并强调出来。高高的红门，楼梯的痕迹，总让人期待着惊艳的一刻。底墙是另外一个世界的开始，我们用时常的瞥见与仰望来与那个世界臆想沟通。

石框门，半埋于地下，似乎有个出处。北墙高悬的空窗，是个想处。顶着墙角的上面是邻家高昂的墙角，里边是个院子。这一组事物在此巧遇，是不可多得的景致：可左顾右盼下对上仰观，这个角部一定要打开。一要留空作为院子，二要成为这个建筑哪里都能看到的地方。邻家的新墙，将被爬藤绿化，建筑四面虚邻，这是一面景。

设计思路

补上一片环境

修补老城，需要轻巧的手段。

基地是原来深藏内部的打开，这个内部不能再以简单建筑的方式重回内部，而是要成为外部的内部，因此，这个地方要“虚”补。

新补的建筑既要有看风景的肚量，又要自成一方风景。它像是一个花架亭子，放在一组山石上面，亭子本身空无一物，纳四围风景，细柱落下，轻轻盈盈，其下山石起伏，可登倚坐卧，其上葱茏一片，可攀之远眺。建筑以环境的方式组织起来，我们以此方式在此补上一片环境，镶嵌入一方山水，可以喝茶聚会，观山看松，一个浓缩的园林。

此面向着街道，一眼望去，皆是上世纪六七十年代的房子，水洗抹灰，红窗牖，很让人怀念。新补建筑的这面一定要打开，要迎着这些房子，要在建筑的最底部也能看见它们。它们有那个时期杭州很朴实很安静的味道，它们更是一景。

老墙，其表面载着时间的积淀，是一卷世事人情的山水。它将被适度修葺并完整保留下来，我们当它是一折角画面。如果新补的建筑是一个亭子的话，那么老墙就是构成这个亭子的两个面的连续景色。

设计思路

小中见大

基地是狭促的，一个不足九十平米的地方要现出山水，需要转换，需要先抑而后扬。

狭小的门脸，是一个盘山，一个空间转换器，它关联着几个不同的世界。

踏上台阶的一刻，我们便有多个去向：

一、向内，坠入过去时，老墙油松，细窄天空。

二、向上，喷薄而出，青荫红牖，城市的上面。

三、回来，喧嚣的街道。

青藤朱阁
绿肥红瘦
碧影下四牖打开
几乎无物
一个藤架棚子
被搬上屋顶的高度
体积环境化了

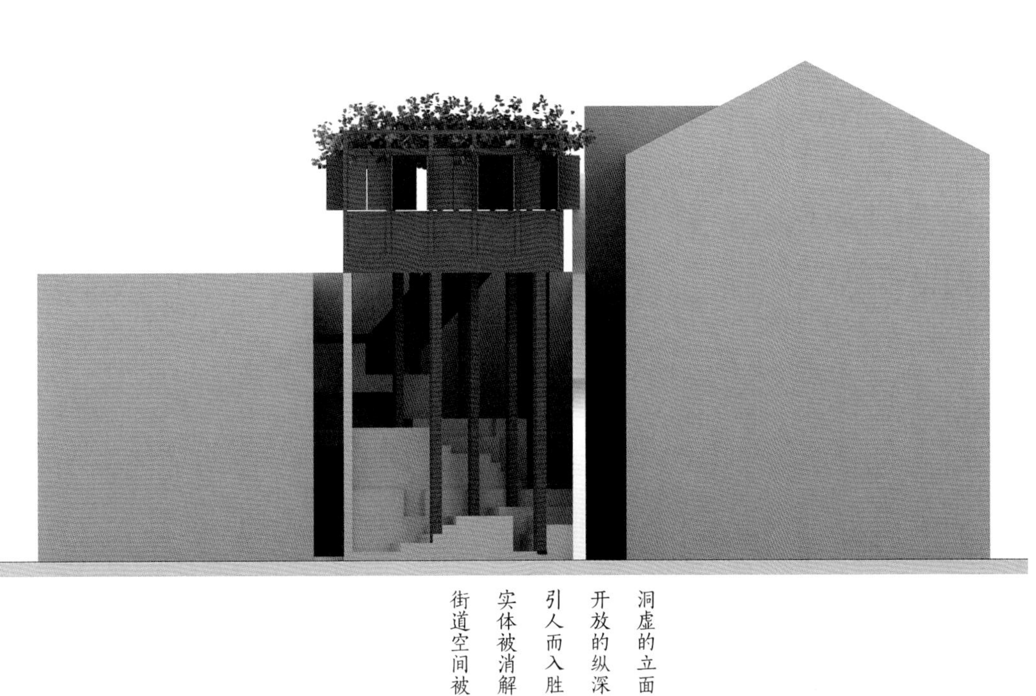

洞虚的立面
开放的纵深
引人而入胜
实体被消解
街道空间被自然延伸

一个青藤花架 + 一组山石地形

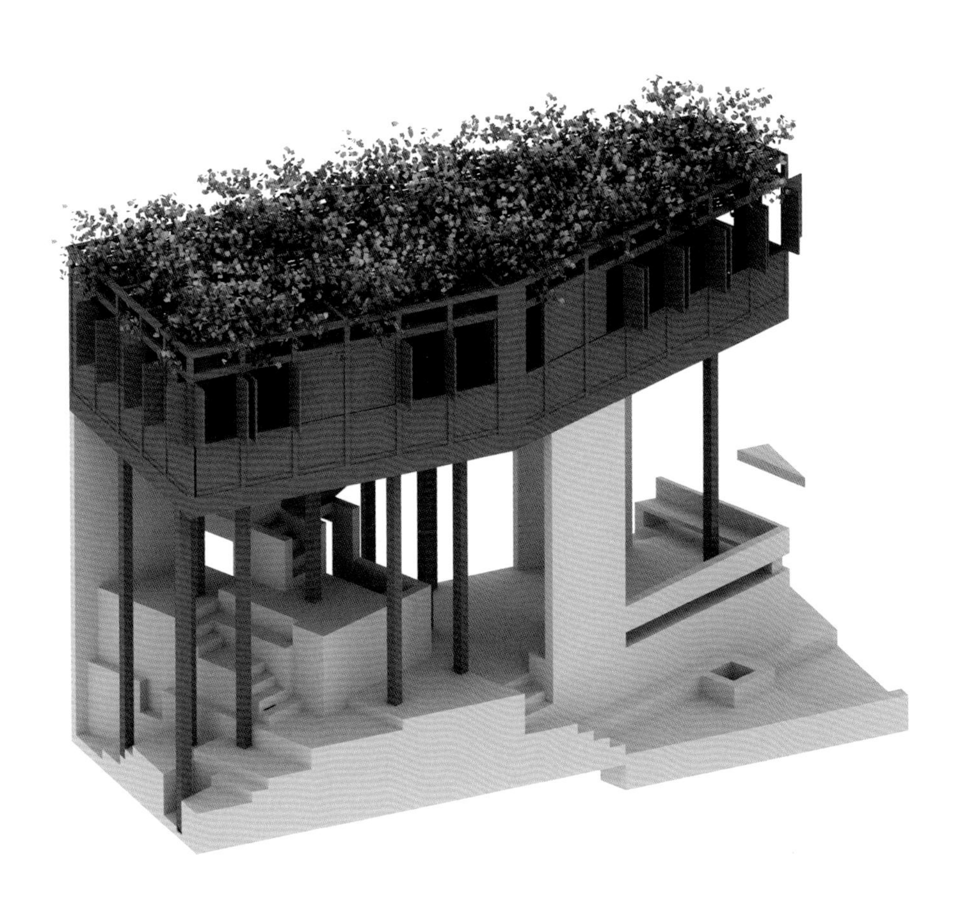

向上的喷薄

反复盘折的山路，其间红林相扰，不时避让，有一红梯递下引而上，带入一个艳丽的地方。翠荫红阁，四牖全开，斑驳一片。这是城市的上方，借到四围外景，看屋顶，看吴山。

向内的坠入

拾级而上，空间洞开，老墙、油松、隙院、闺门、悬窗……仿佛落进时间的陷坑，回到明清的内部。回望豁口，世间熙攘，宛若一梦。

传统杭州的红

镶嵌一枚红牙

一个角落　柱法俱现

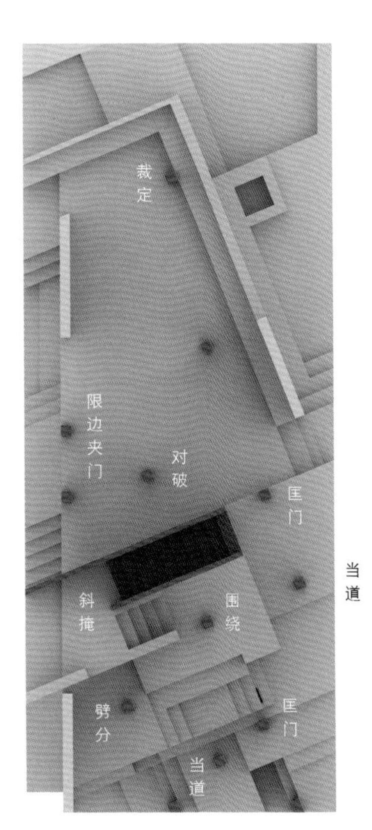

红梯斜掩　细柱映扰

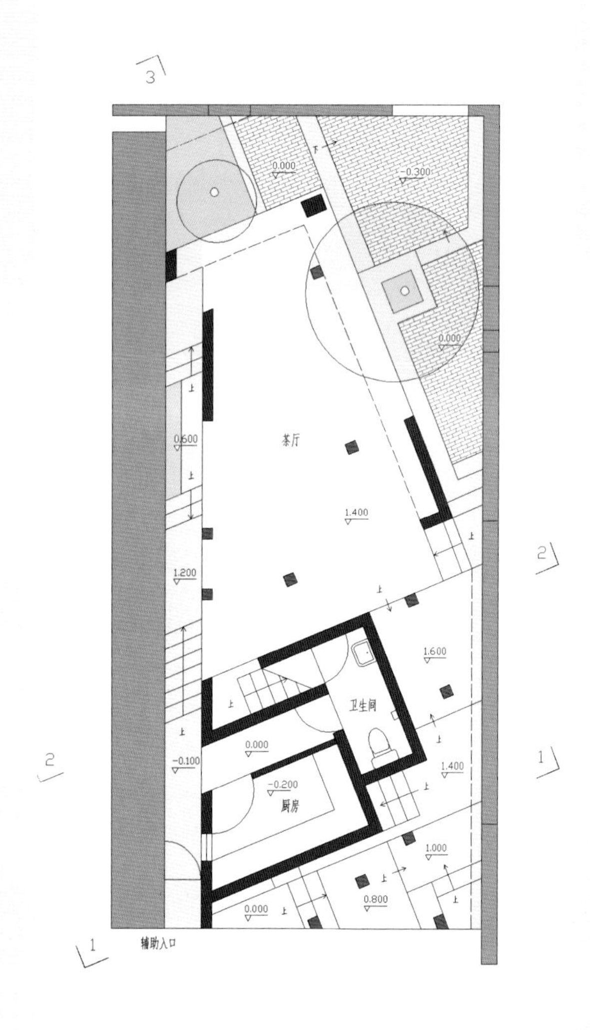
0.000
-0.300
0.000
茶厅
0.600
1.400
1.200
1.600
卫生间
0.000
-0.100
-0.200
厨房
1.400
1.000
0.800
0.000
辅助入口

一层平面图

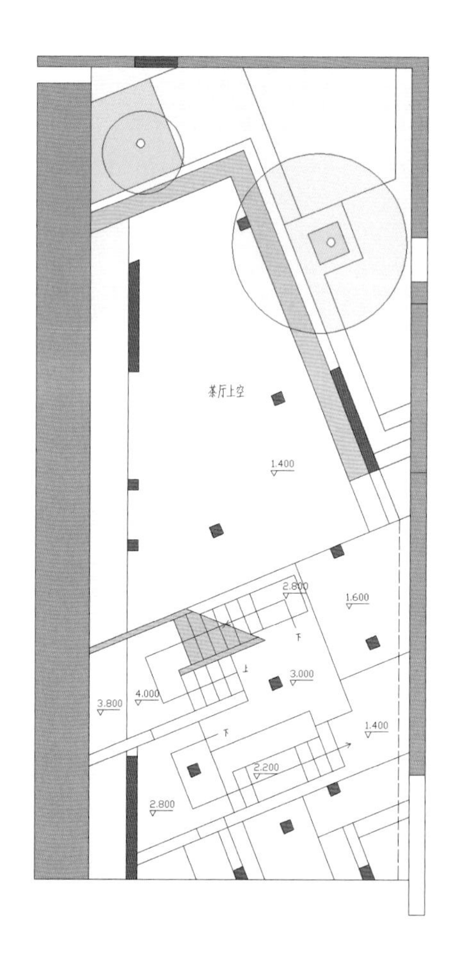
茶厅上空
1.400
2.800
1.600
3.000
4.000
3.800
1.400
2.200
2.800

夹层平面图

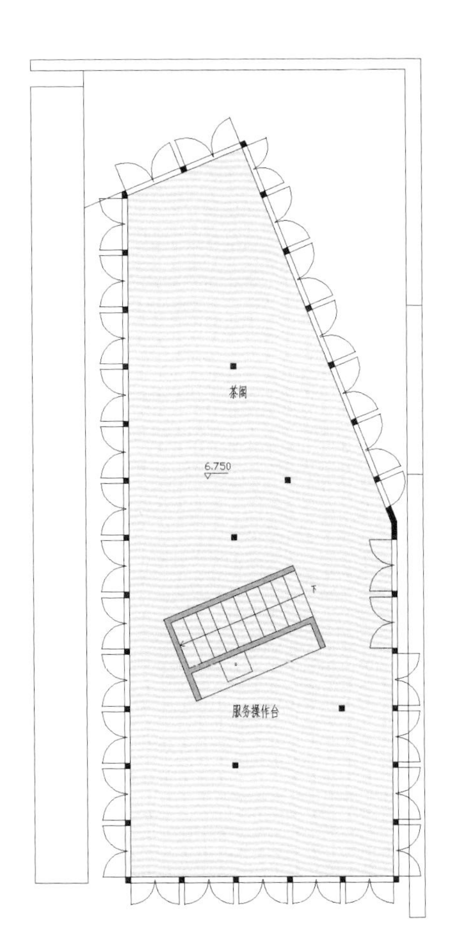

二层平面图

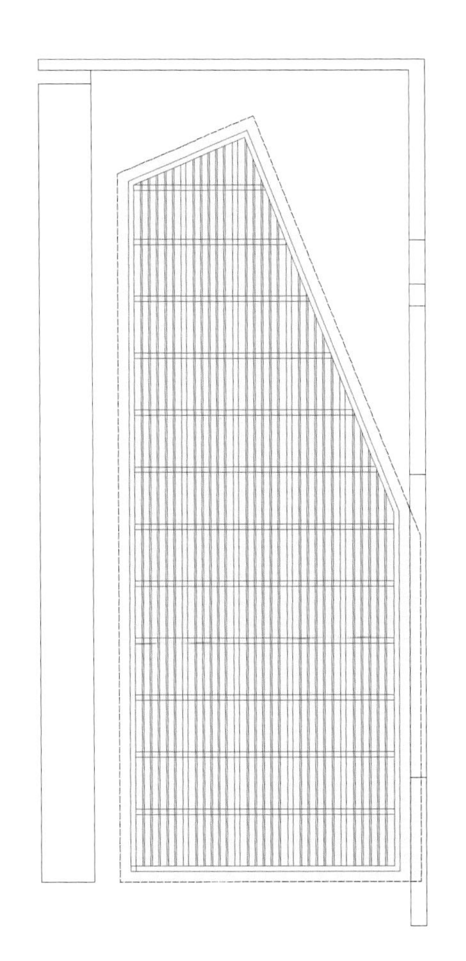

藤架平面图

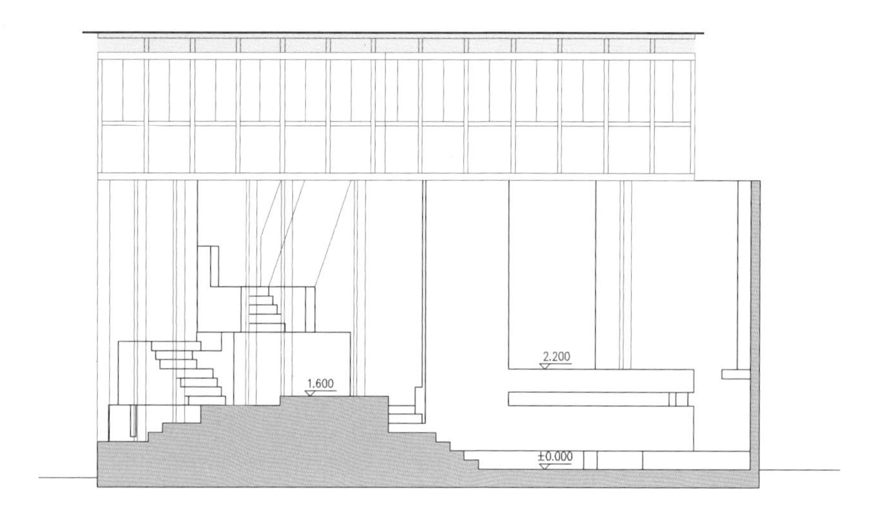
1.600
2.200
±0.000

北立面图

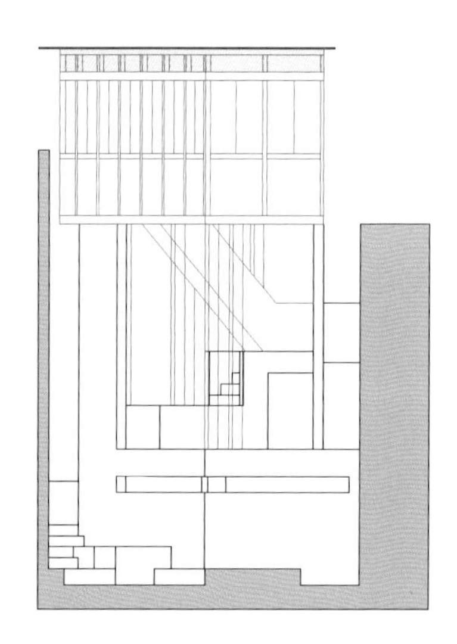

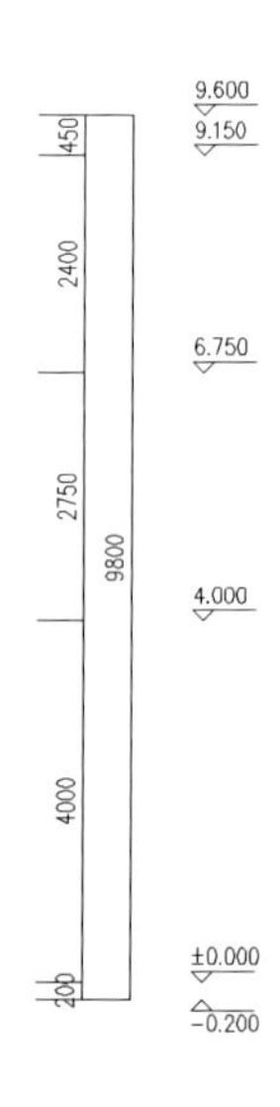
9.600
9.150
6.750
4.000
±0.000
-0.200
450
2400
2750
9800
4000
200

西立面图

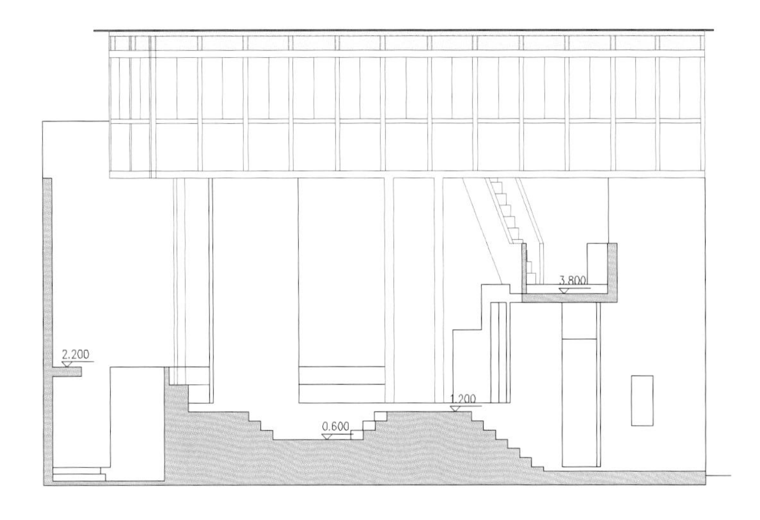
3.800
2.200
1.200
0.600

南立面图

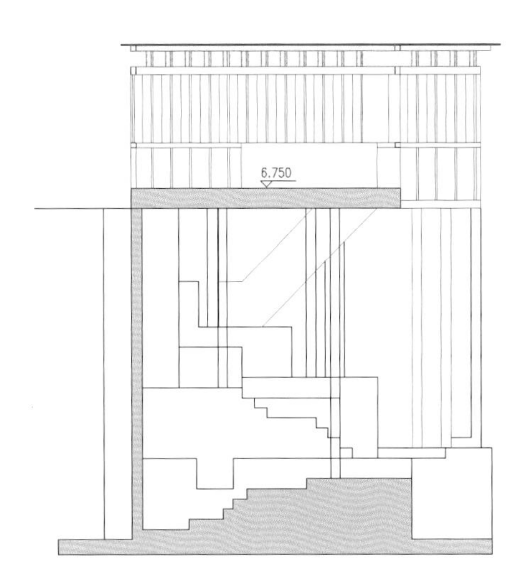
6.750

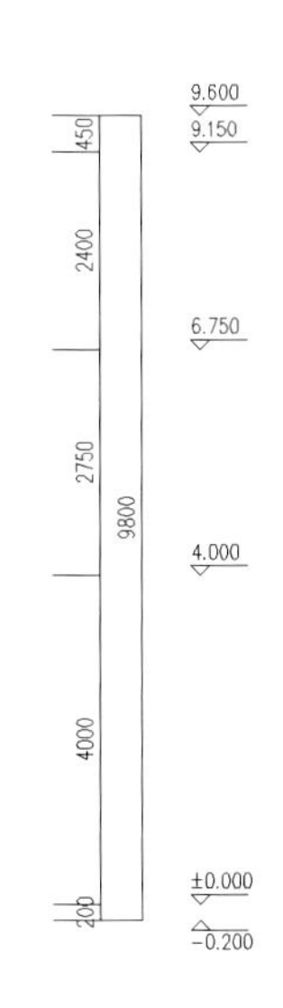
9.600
9.150
450
2400
6.750
2750
9800
4.000
4000
±0.000
200
-0.200

1-1 剖面图

苏州补丁七记

在我看来，旧城就是一个老人，它向来接受中医：推、拿、按、摩、汤、剂、膏、灸。它喜欢这种方式，因为：一，足够温和；二，语汇丰富。借此，可以归为这样一句话：修补，是带着诗意的。

这句话既指向城市建设与更新的暴力，又指向城市更新语汇的贫乏。这句话注定设计工作既是局部策略，又是一个鲜活的词汇表。

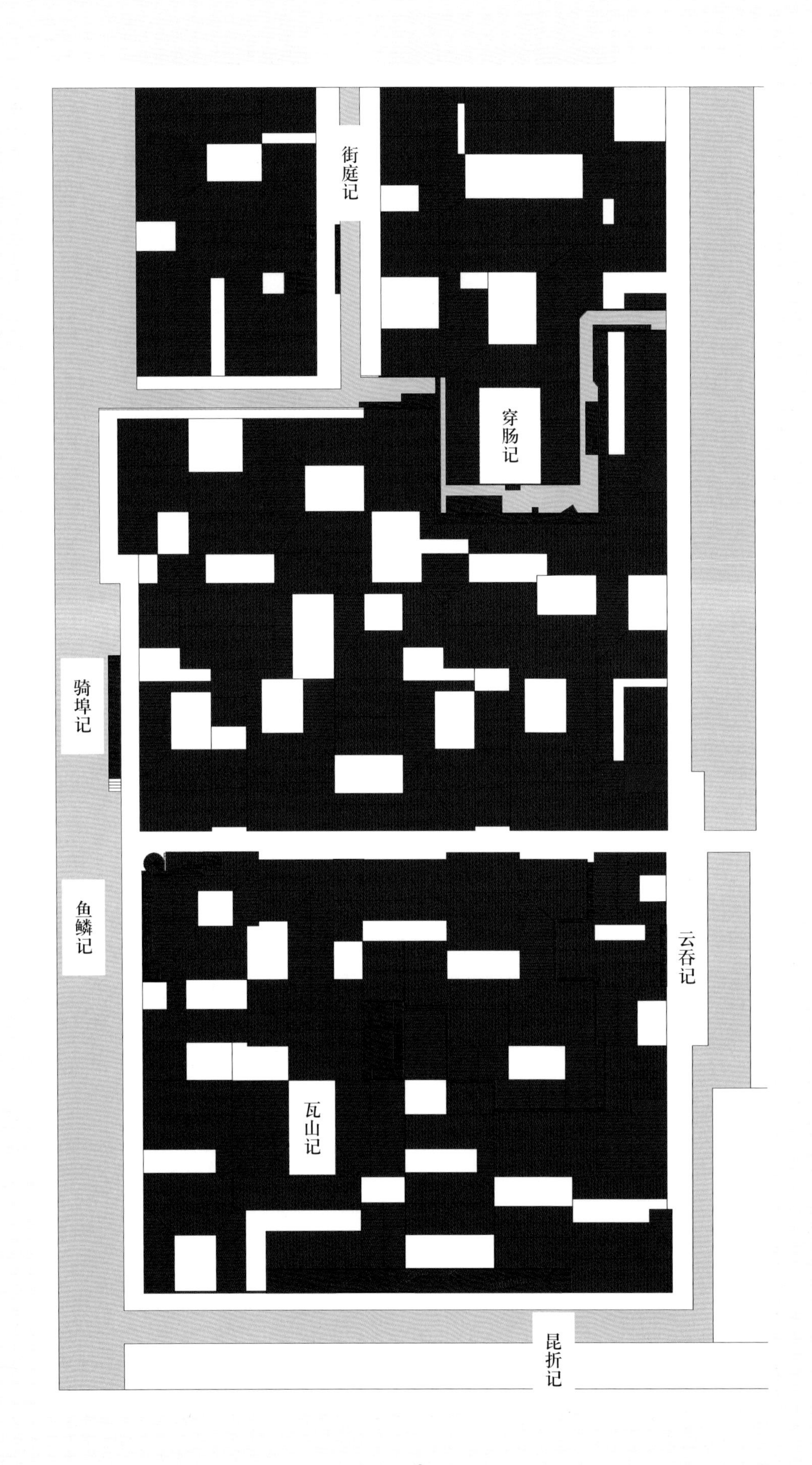
街庭记
穿肠记
骑埠记
鱼鳞记
云吞记
瓦山记
昆折记

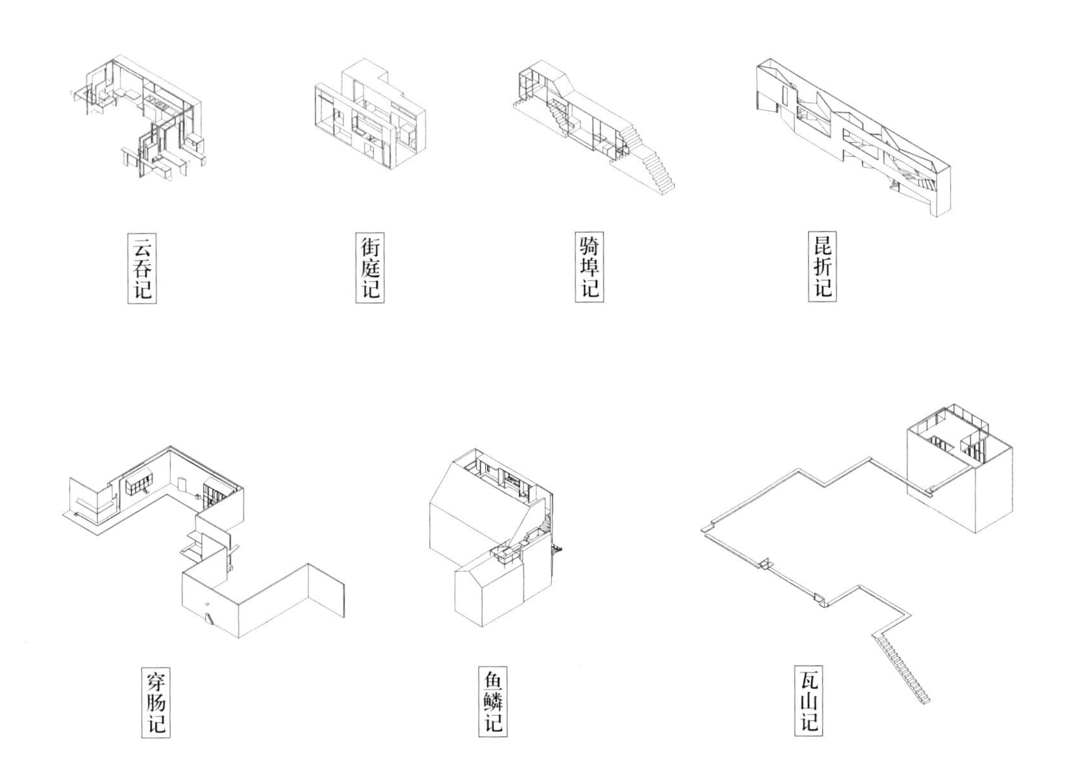

我们的工作仅仅是创造了七个修补词汇，它们分别是：

○ 云吞记

○ 瓦山记

○ 昆折记

○ 鱼鳞记

○ 街庭记

○ 骑埠记

○ 穿肠记

它们大小悬殊，大者比庭院，小如案头清玩；它们是一块膏药，一盏针灸，一颗镶牙；它们小打小闹，修修补补，与老城相安。

设计时间：*2005* 年

设计团队：王欣、宋佳威

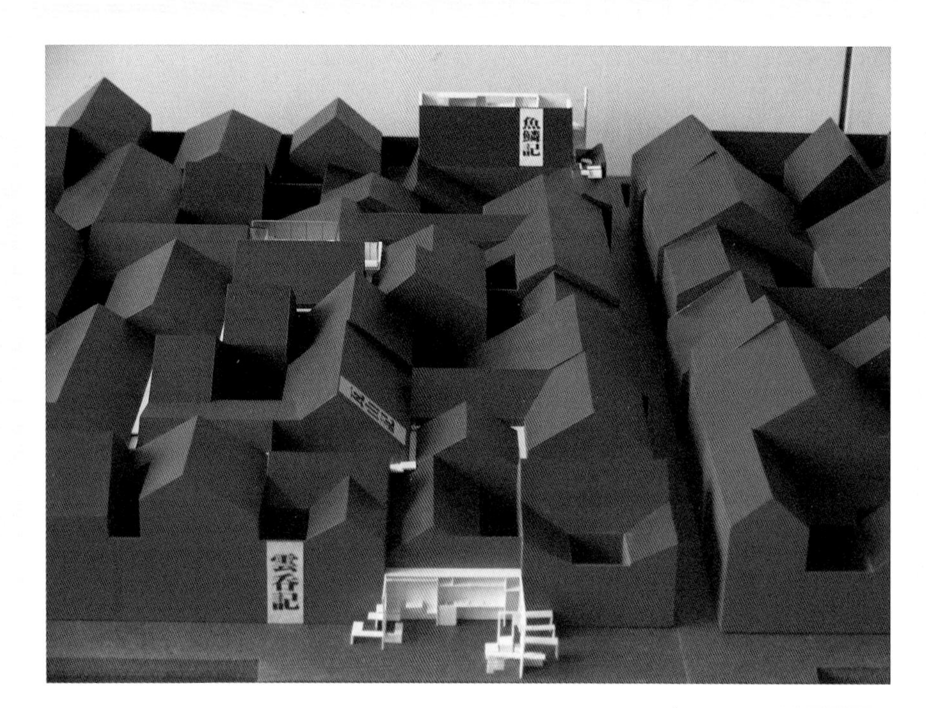
魚鱗記
雲吞記

魚鱗記

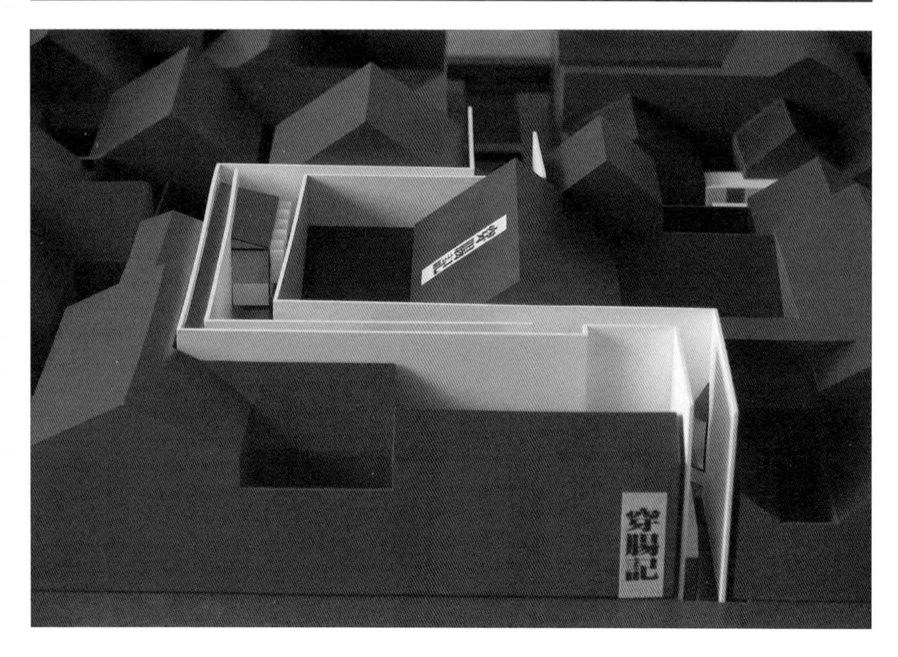
穿腸記

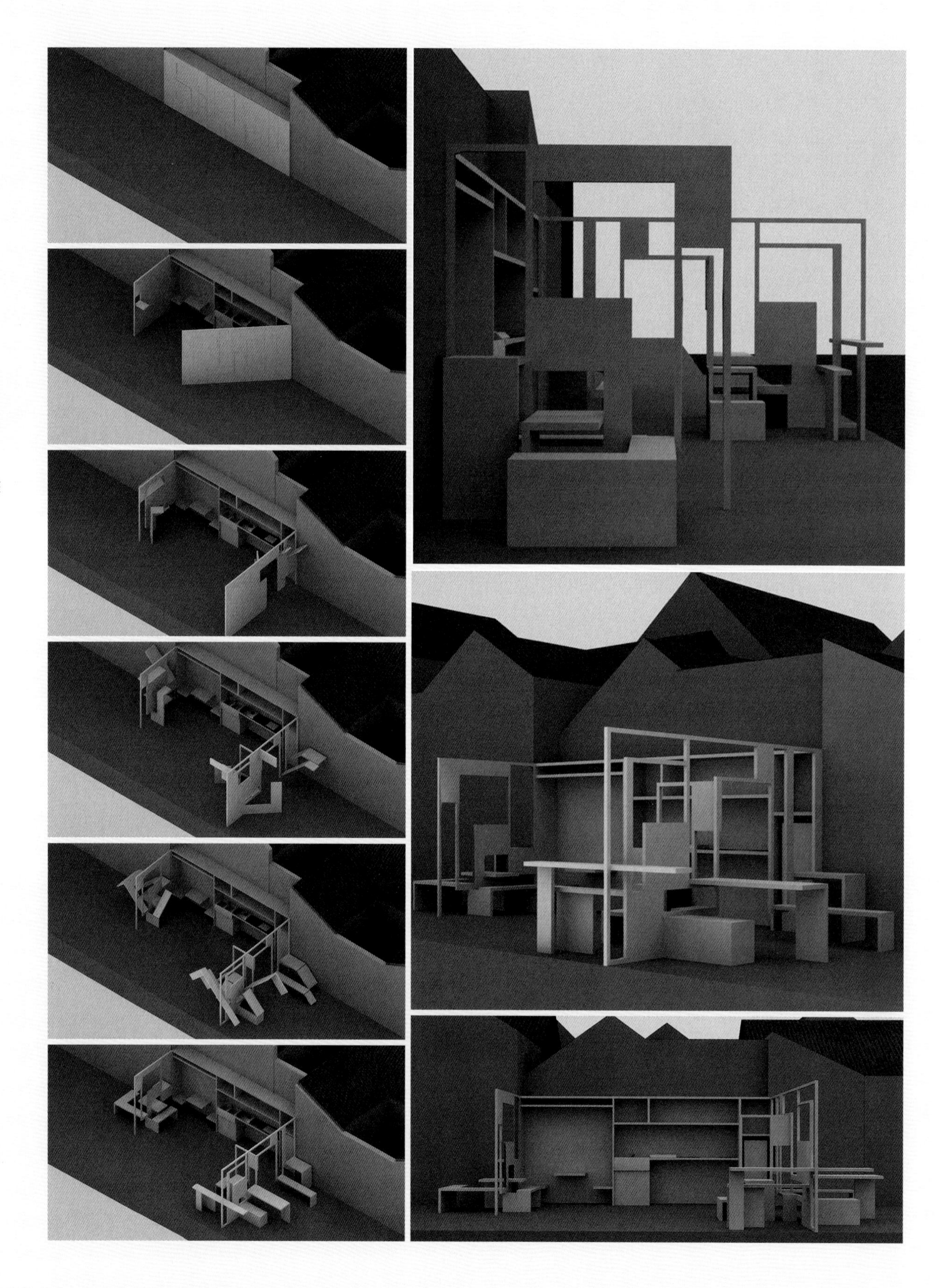

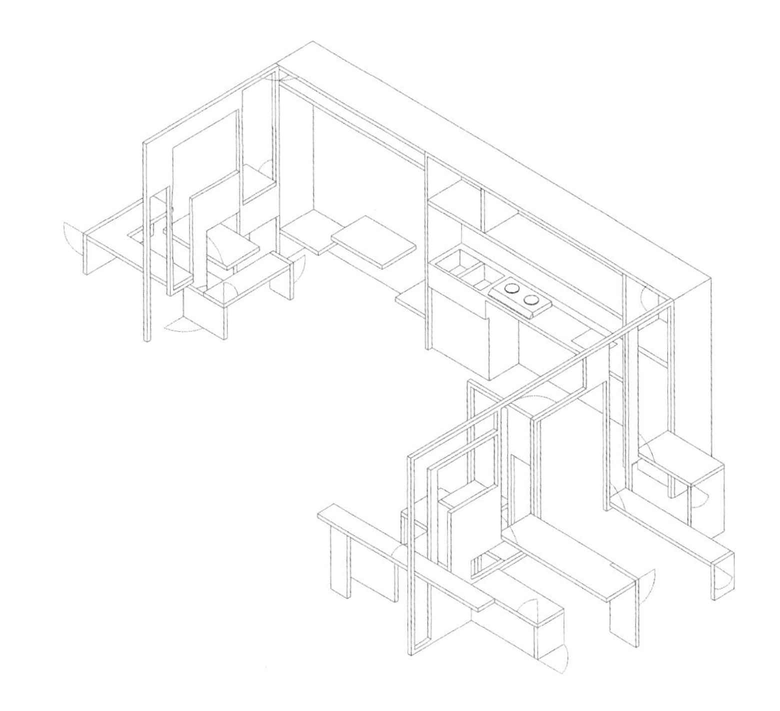

云吞记

静态的假装美学在逐步蚕食城市的活力与生活性。

云吞记上演的是一场“变形记”，它以一件家具的弹性来抗争畸形的城市管理。它可显可隐；它在夹缝中求得生存；它在机巧中获得时间。

我一直在想象这样的场景：在一个镂空优雅的结构当中，人头攒动，勺碗唏嘘，吆五喝六，热气蒸腾。

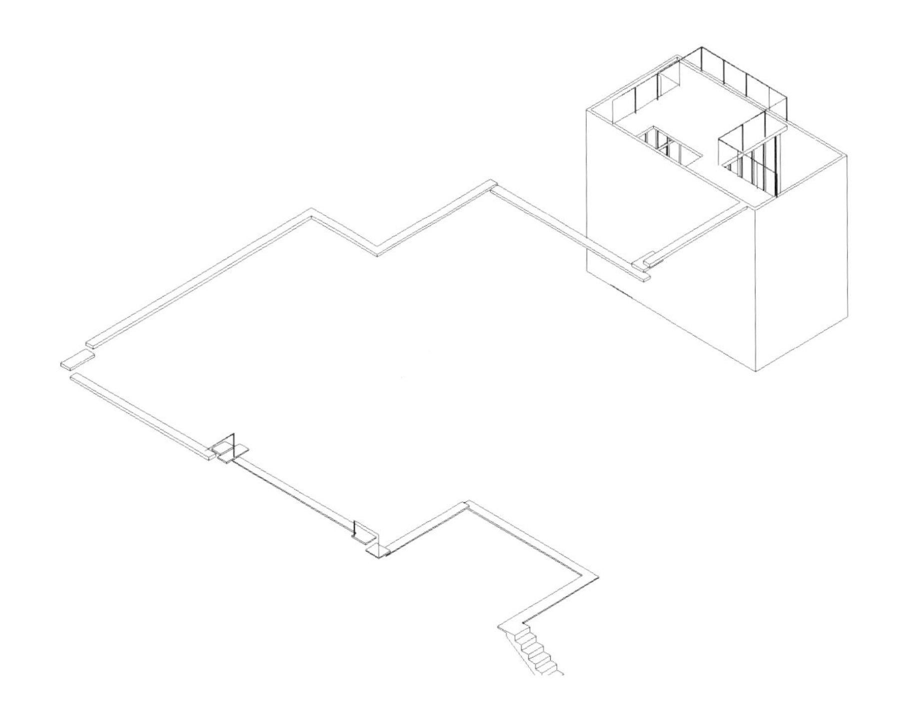

瓦山记

城市其实就是可能性：一块处于街区内部的空地，被四邻包围，不能得其门而入。

出入的“道路”可以被借到：是游走于屋顶之间的排水天沟，我们只需要其中的一段。每天穿梭于层叠的屋顶之间，檐回脊转，一片瓦山！家在墨色诗意的背后，路是无奈与情调的迂回。

一种特殊高度上的活动将获得独来独往的山水。

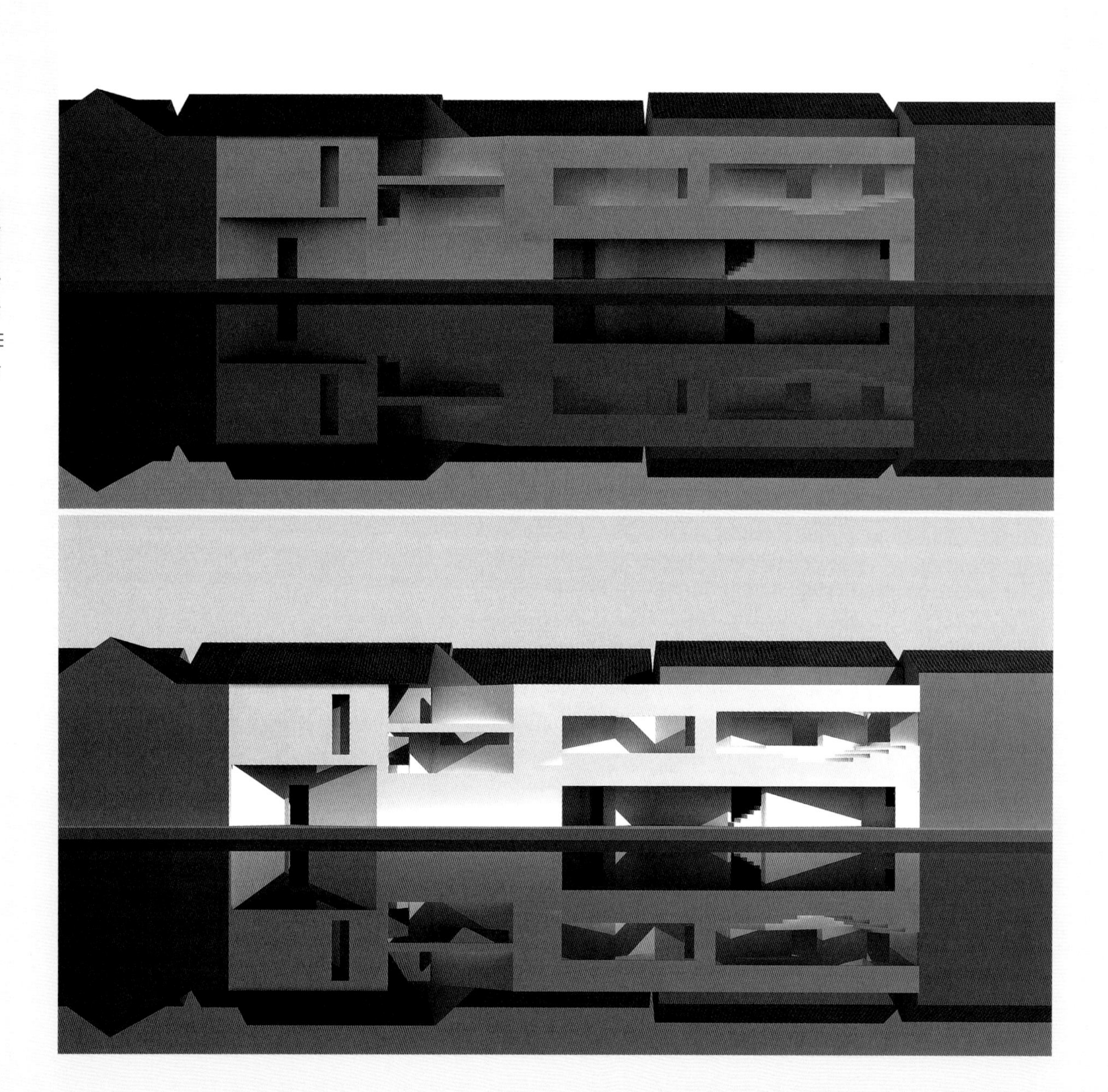

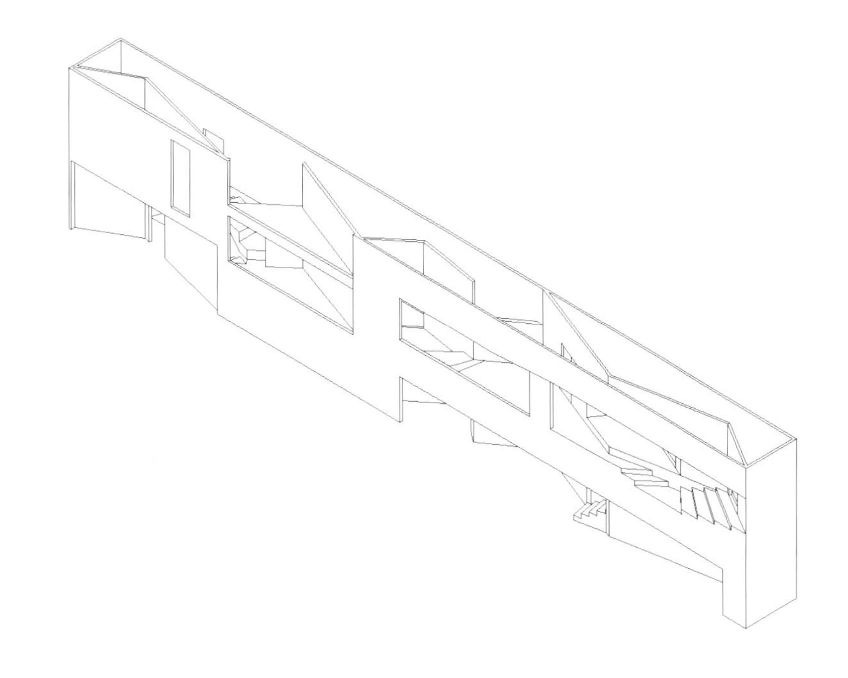

昆折记

浅薄的限制带来的不一定是压缩，可能更是分解。

昆曲中带有强烈的空间拓扑意味的举手投足，是对场景与角色关系的混合解说。

可以认为，昆折记以空间的方式固化了这种解说。也可以如斯理解：昆折记诱使你做出昆曲布景的肢体语言，哪怕你是一个外行。

这是一个在墙上的舞台布景，观众在对岸。

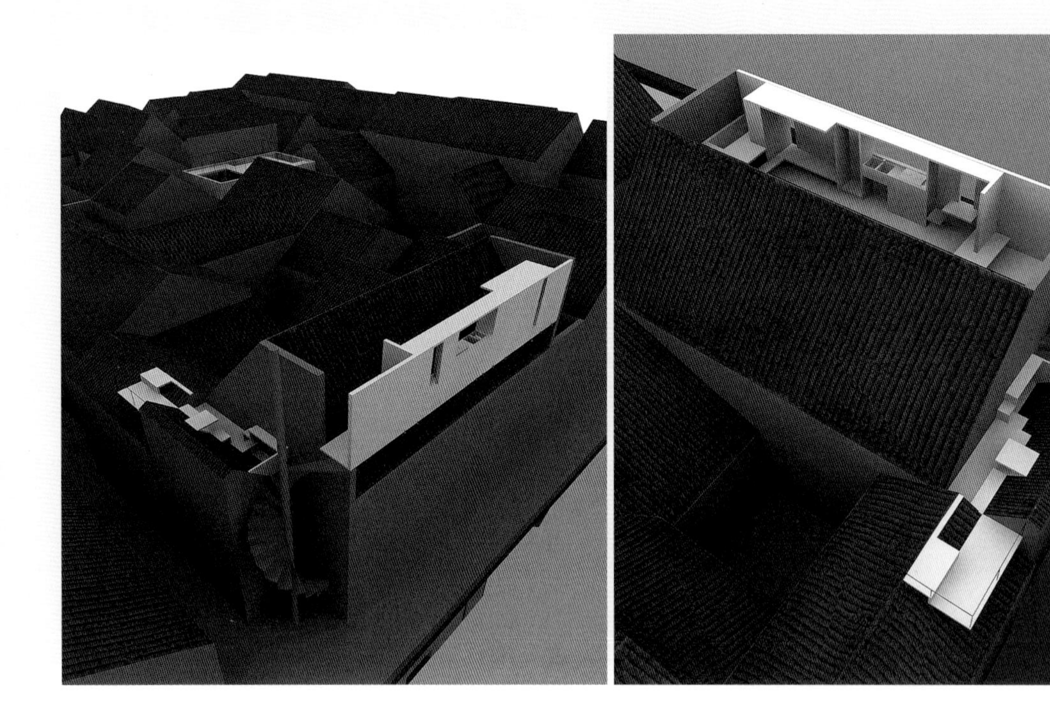

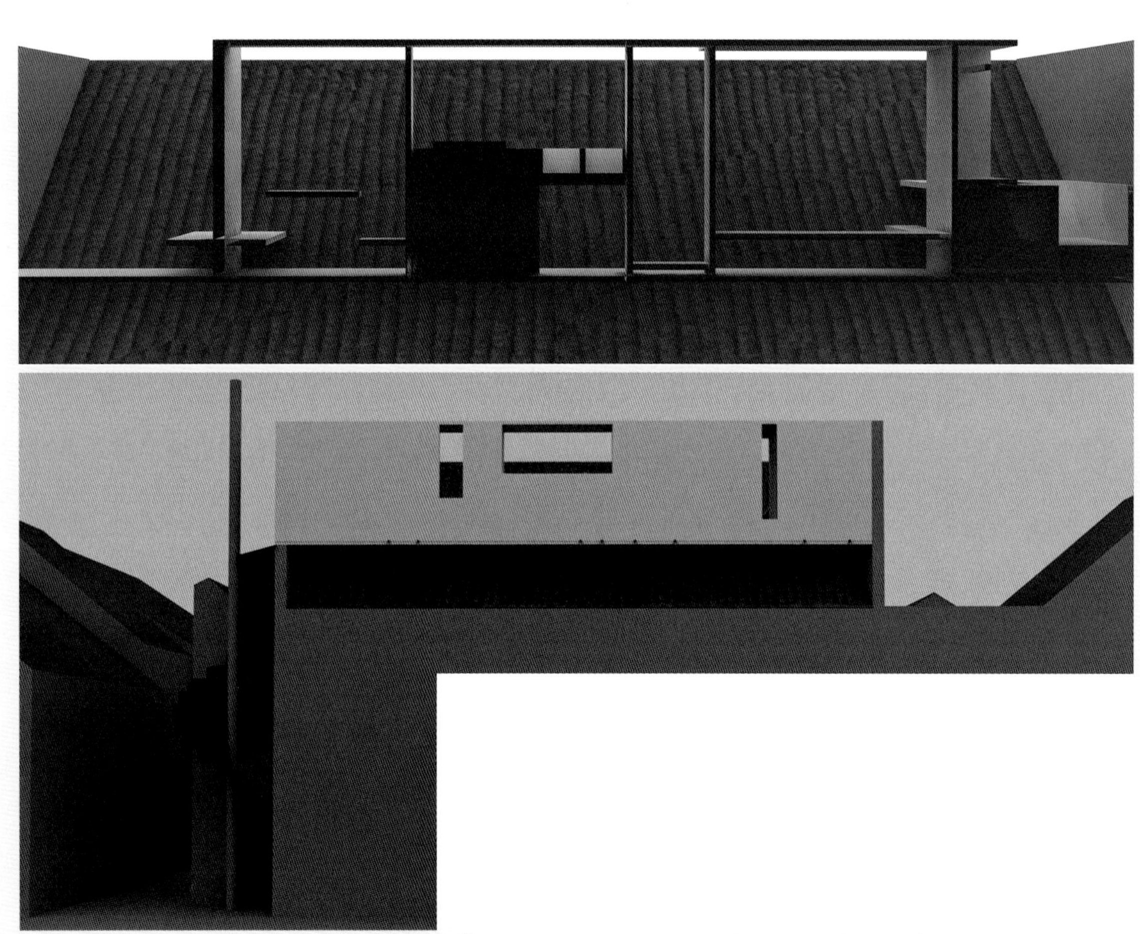

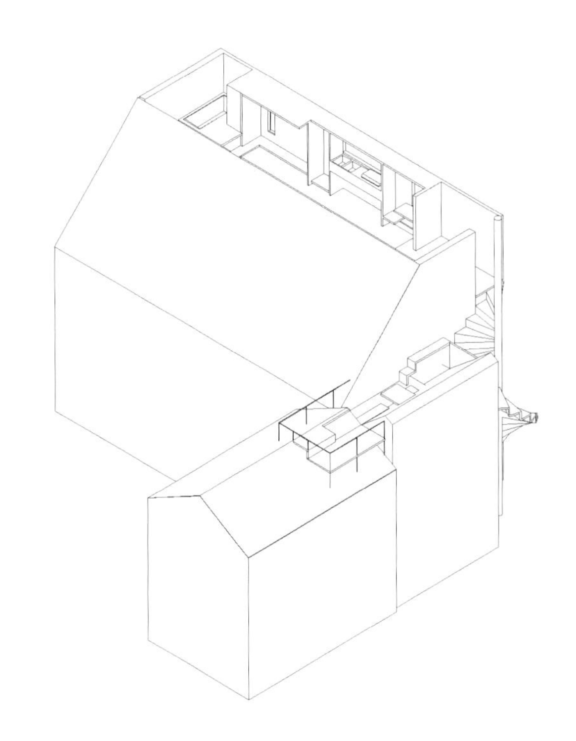

鱼鳞记

传统的瓦屋顶承载了一个界面，它属于夜行者与侠客。这是一个人不常触及的视野，突破这个界面，将获取独处的景观，还有奇崛的视角，这个资源似乎已经闲置很久了。

层叠的屋顶，或近或远，黑压压，鱼鳞鳞，是墨色山水，是片片鳞甲，是鱼的脊背。

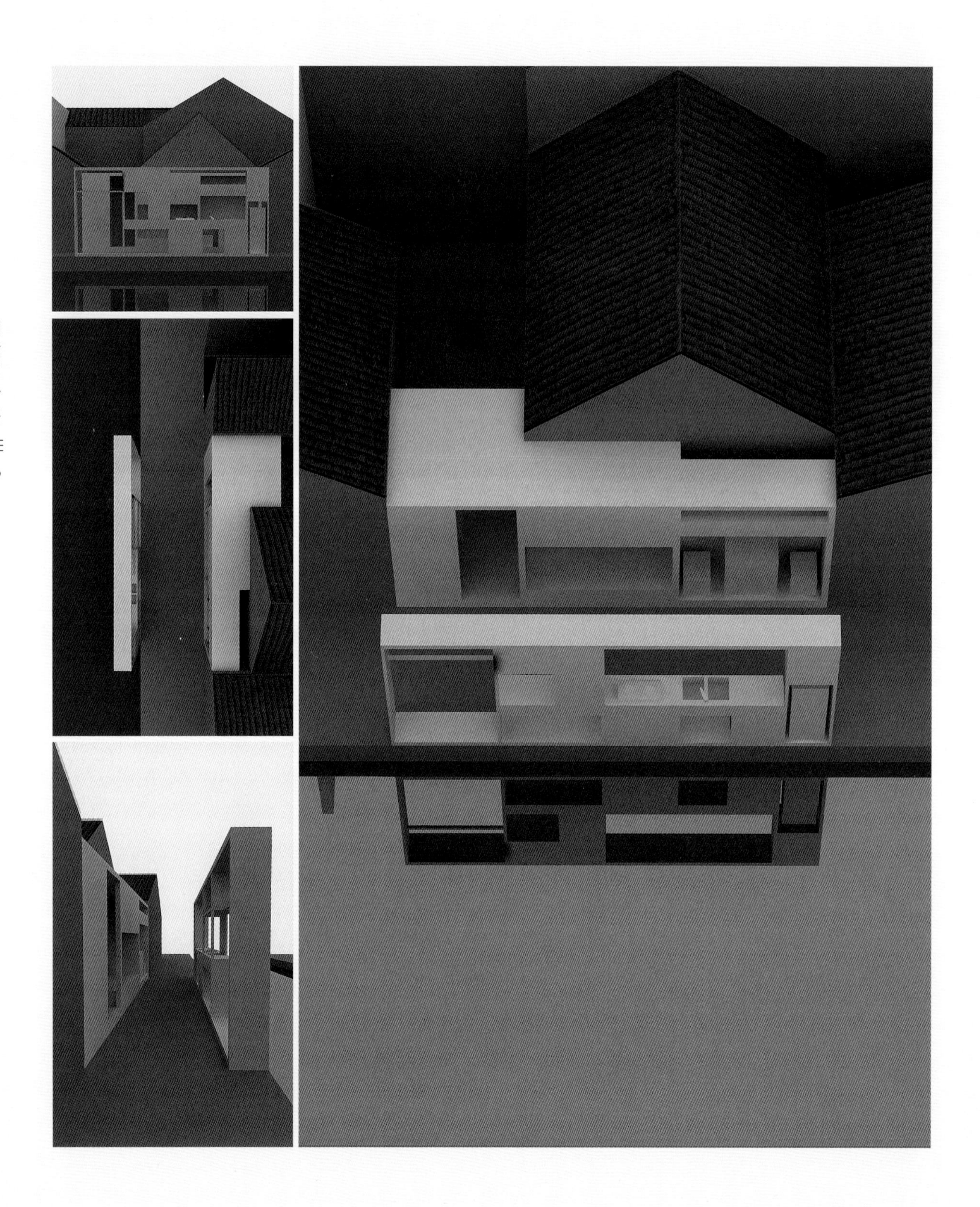

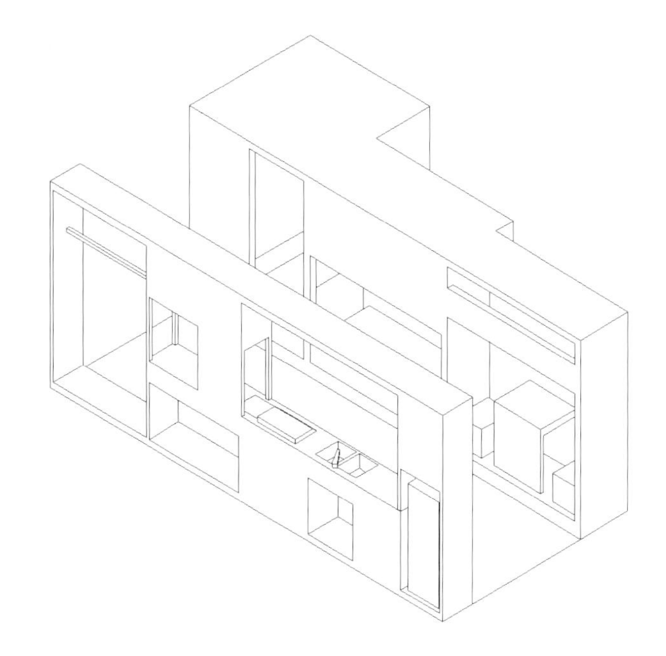

街庭记

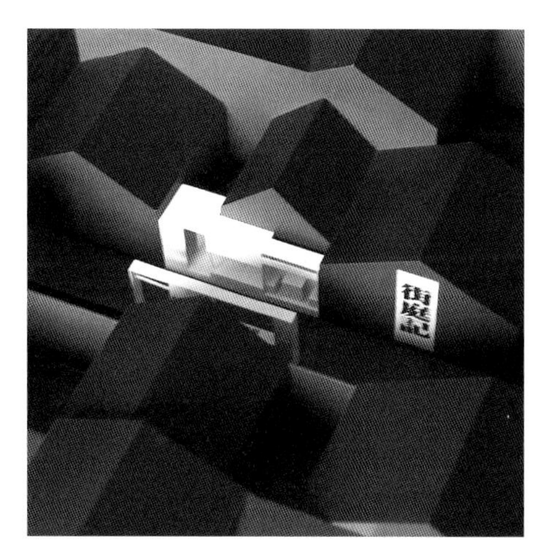

冰箱在街对面，晚上要上锁；

储柜在街对面，只能放些杂物；

厨房在街对面，远离油烟；

电视在街对面，很好的视距；

刷牙洗脸与街坊交臂；

存取拿放与路人相躲；

做饭洗碗与行船招呼。

我期望，设备与电器在把城市人的生活包裹在室内多年之后，能重新把人们拖拽出来，哪怕有强迫的倾向。

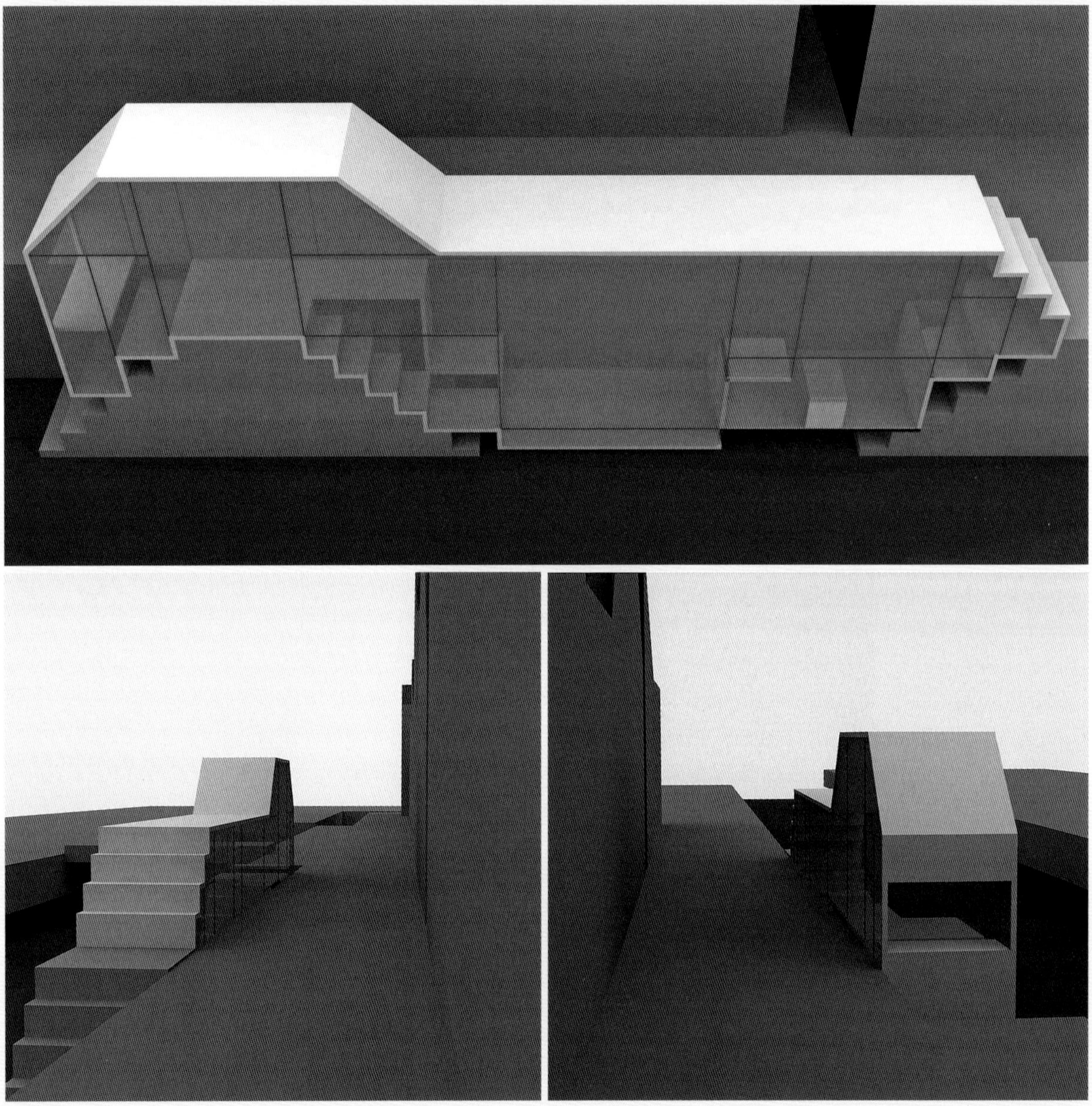

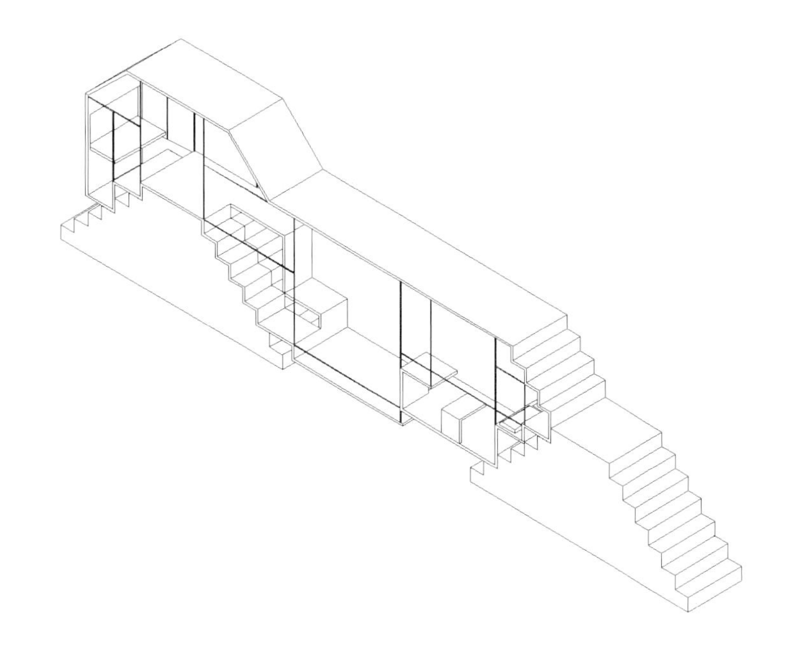

骑埠记

河埠头的高低台阶被借读为宅内活动的分布：

登，踏，坐，卧，

倚，靠，蹲，踞。

居家的行为似乎在延续着河埠头原先上上下下的忙碌身影记忆。

这也是一件文人大家具的随物赋形。

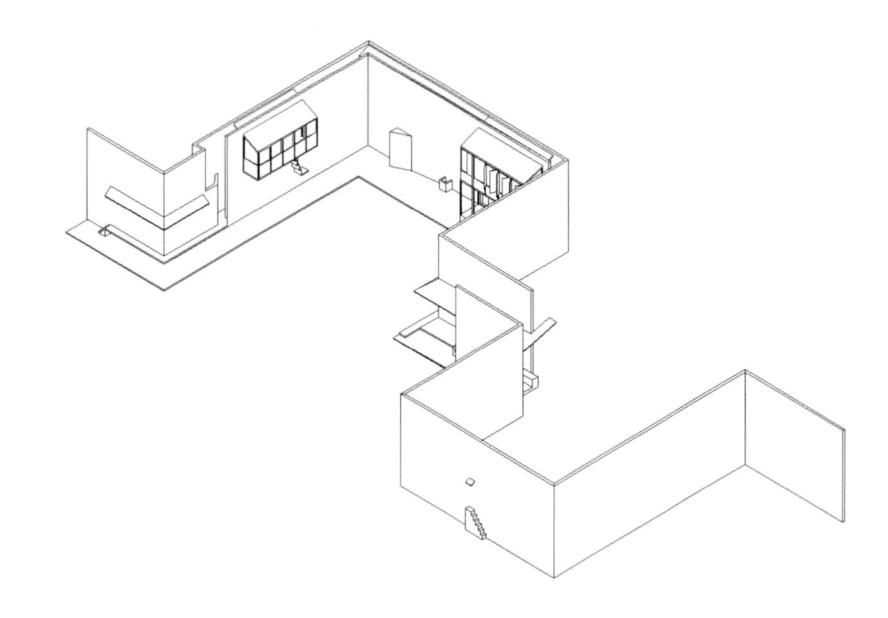

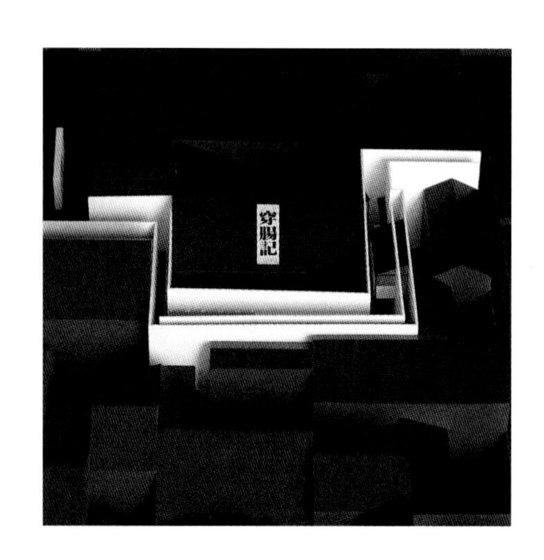

穿肠记

一条废弃的河道，被垃圾充塞，而它将成为一个园子。

狭窄决定了两点：生活的线性展开以及空间的残缺性。它要求人的活动能“甘守其半”也能“以半知全”，这其实是布景式的生活方式，只有这个时候，我们才会十分容易地触及“所见”与“所想”的关系中敏感的一面。

正所谓住着园子，还要想着园子。

武鸣贰号园

贰号地的选取，决定于一次热闹的抓阄。剥开纸团时，我知道那是一块如弯指如香蕉的临江地。「如长弯而环璧，似偏阔以铺云」，计成的这句话，当时在心头缭绕不去。

顶着炎炎灼日，静静地相地，它狭长、浅薄、旷芜、外放，其特质勾引出我长久以来的几个兴趣：

云障第一　笔筒第二　砖雕第三　嵌筑第四

云障第一

陈洪绶在这张杂画中，有意混淆了对画中空间的固定式解读，云障的介入使得深度被重新认识，而这种认识时而被云障与植株的杂交关系所干扰。读画的过程惊喜而困惑，深度的意识不是静态的，而是来回的、反复的。我一直认为这张杂画就是园林，因为它如磁性般揉捏你，缠绵你。

造园既不屈就地理，也不无视山水，而是与基地恋爱的过程，是一出《西厢记》。不总想直面，也不总想直白，要“墙头马上”。也就是说，西江与人的关系需要经营。这提醒我：这张“云障树石”杂画将直接铺设在基地之上。

从画到园，云障就是墙垣。它们统属于“层”的概念，都是关于深度的解释与再造。“层”的建立遵循但细分了原始地形的平阜落差，它制造了障碍，控制了时间，延长了人临江的各色可能。它在让我撩剥一沓厚厚的帷帐，帷帐的那一面有一个叫“西江”的美人。

墙垣依旧保持了云障般的柔软与自由，否则它不会被冠之“云墙”。它遮山挡水，半抱琵琶犹遮面，它东圈又西勾，爬坡又缠树，它成为人与山水沟通的中介物。

董豫赣老师曾经戏问我：“可知层字怎般写？”

“層与层，曾与雲，时间与墙垣！”

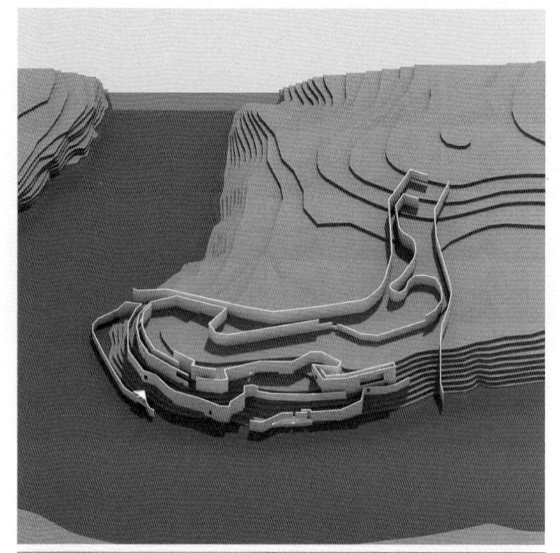

笔筒第二

对着这个黄杨笔筒久视，会忘其小。它是一个表面性的东西，而它真正合用功能的内部却徒有四壁，空空旷旷；它是一个外向性的东西，我倒不觉得是因为我们要看它，而是它要向四周看，要看我们，所以它不是被雕琢的，而是主动的外翻，一个内向园林表皮的外翻。这使我想到，传统园林可以理解为一个内向型的内表面建筑，但她的内向性却不是绝对的，在主题逃离或者外泻的时候，她的内表面将追随外翻。

站在基地上，不觉基地的存在，是因为她的浅薄与外放，景在哪里？西江就是我的院子，我的景致，她近在咫尺，伸手可掬。于是，园林将从壶（壶天）里面出来，她把她的壶剖开，她要看外面，同时，她撩开衣裳，她要别人欣赏园林那神秘的里衬。

我想建立一个外看的“笔筒园”，一个周圆的外表面建筑。

作小诗一首：

内盛笔竿千枝，
外收江景一周，
垣迴人转，
无首无尾，
是谓圆林乎？

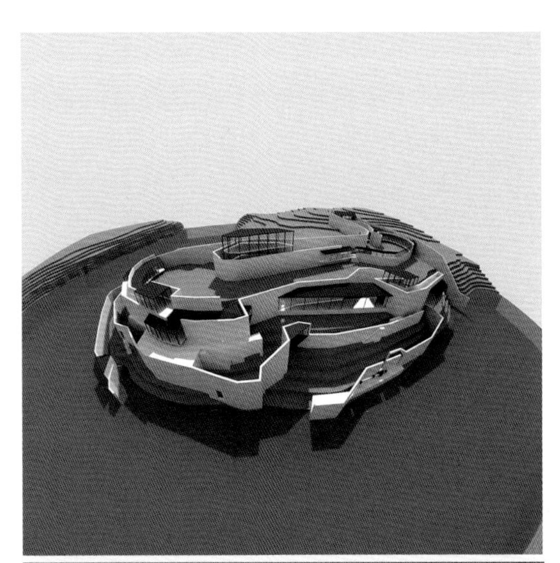

砖雕第三

砖雕的空间带有强烈的昆曲特征，就是指具有布景意识，不可能的空间、时间、活动与事件被一种牵掣的关系揉捏起来，它有它的诉说系统、证实的可能与成立的理由。这似乎不可能的空间其实就是园林手段的夸张表达的陈列。

光线、树、石、台、垣、楼、窗洞、人的交互，它们在相互解说之间的牵扯关系：

墙在干前枝后？

树在窗内屋外？

人在廊下树上，窗前洞后？

因为上下相呼，距离可测。

因为道路环绕，无分远近。

因为来回掩映，咫尺不知。

这里，我想到的一个词就是“模山范水”，如果要以词解词的话，那就是“异类杂交”，还有“拽墙头”，“掀屋角”。

浅薄加层次仅仅是表面的类似，而手段的一致则显示了这个外翻的大表面的布景性，它是一块巨大的雕版，一个在立面上被分析且被展开的昆曲舞台，是一个立起来的园林。我想，越是人多，越是热闹，它就越接近这块长长的砖雕。你来我往，左顾右盼，前招下呼，低方忽上，个个如崂山道士，云里雾里。

我有个愿望：坐在江上或者对岸，细细地品，把热闹看个够。

于是，我特别想对许兵同志说：“把对岸那块地也交给我设计吧。”

嵌筑第四

传统山水画大致操作过程是：先布山水，再掩以林木，而后勾勒道路、桥梁、津信，最后在可能之处“点建筑”，建筑功能只是“以标胜概”。一个点，一个标，它本质上只是一个符号，一块路牌，它传递的是山水的信息，它绝对不抢眼，不突出，不自恋。但要说空间质量，它一样也不少，这是环境赋予它的。

所选画作片断皆是明清时期的山水册页，里边

的建筑都谨小慎微，甚至有些缩头缩脑，但它们却极度敏感，特点彰然。为了表达对它们的随物赋形的倾慕，我给它们的动作一一起了名字：

夹间、倚扣、探首、洞裹、掩流。

对它们，我还有一个统一的名称——“嵌筑”。

我想要在基地上嵌筑。

白墙在设计占了非常大的比重，这里有一个疑问：它是被表现的对象，还是体验的结构或言背景？我选择后者，传统中国的墙白不是“白色派”，不是维持白，它是“虚白”之白，是容纳，容万物与之杂交互文；它的白是“纸白”，是允许，许自然在其上“写写画画”。所以，我们将白墙历久而体现的环境性读为：

水洗山色，

开片冰裂，

藤丝网罗，

落影书卷，

斑苔海墁。

白墙既不属于建筑，也不是自然，它是一个中间物。最终它将消隐，成为意识山水，自此，真正的建筑才开始显现，它们的动作越发逗人。

园林最终不是概念，也不是建筑，它是关于风雅与情趣的生活。计成在《园冶》中谈了不少设计，但谈的更多的是与之相适的种种生活态度，这是我不能忘记的。在这个“建筑帝国主义”的时期，我总是想离建筑远一些，再远一些，但无奈生计的纠缠。计成说：“安闲莫管稻梁谋，沽酒不辞风雪路。”我冒昧地附会一句，赠与贰号园子：

洗研不辞渐江路，安闲亦知鱼虾谋。

设计时间：2006 年

建筑师：王欣

地点：南宁武鸣

建筑面积：1006 平方米

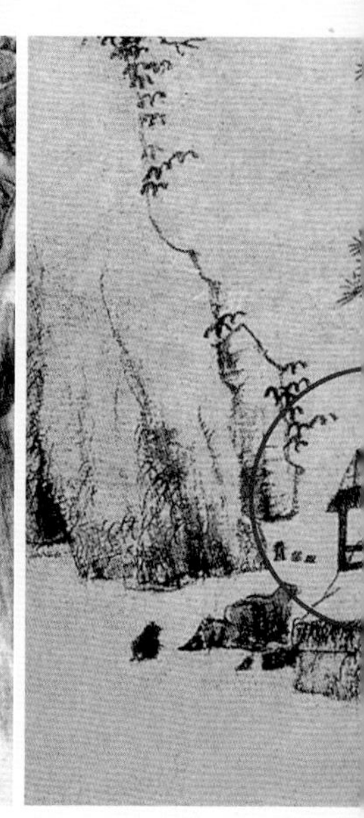

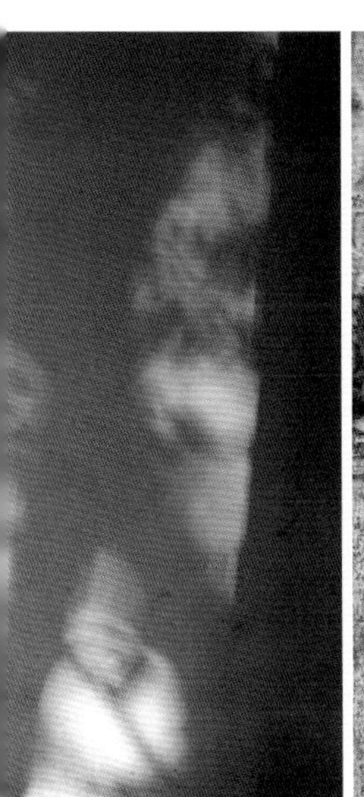
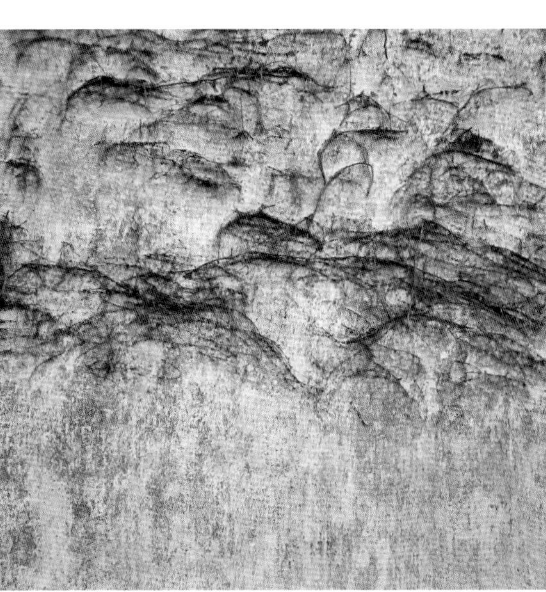
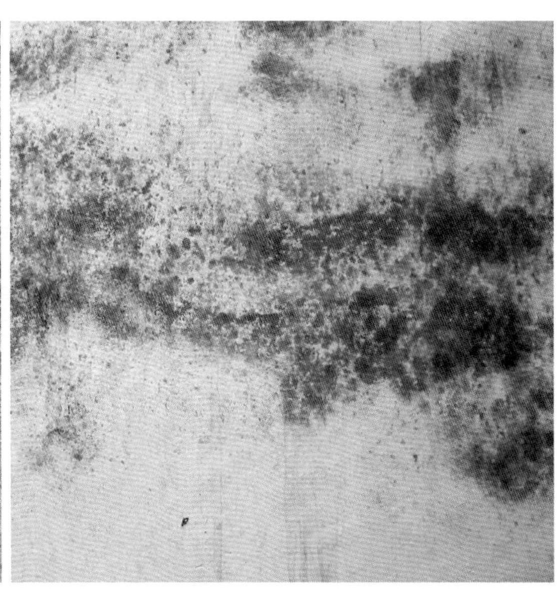

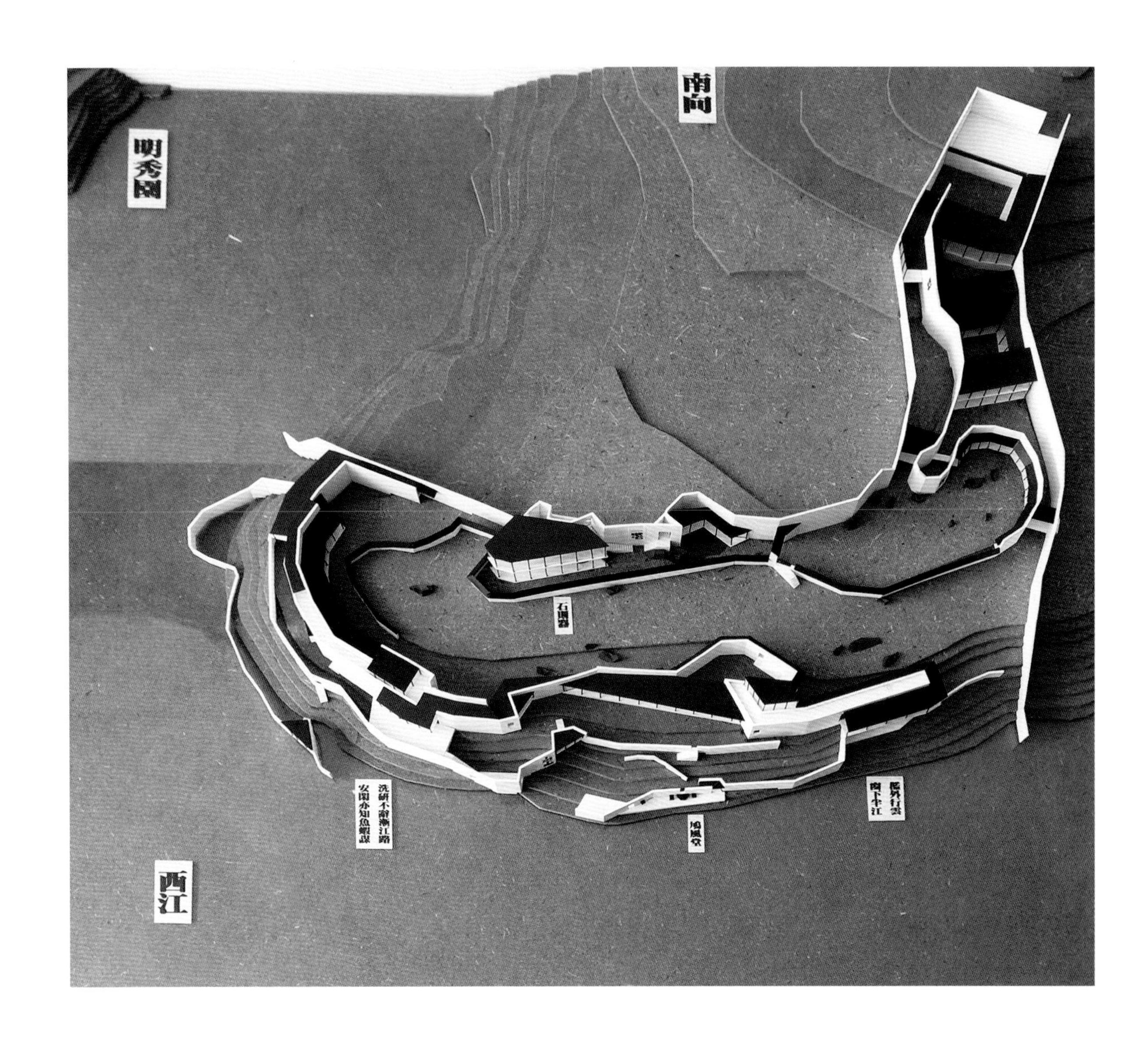
南向
明秀園
西江

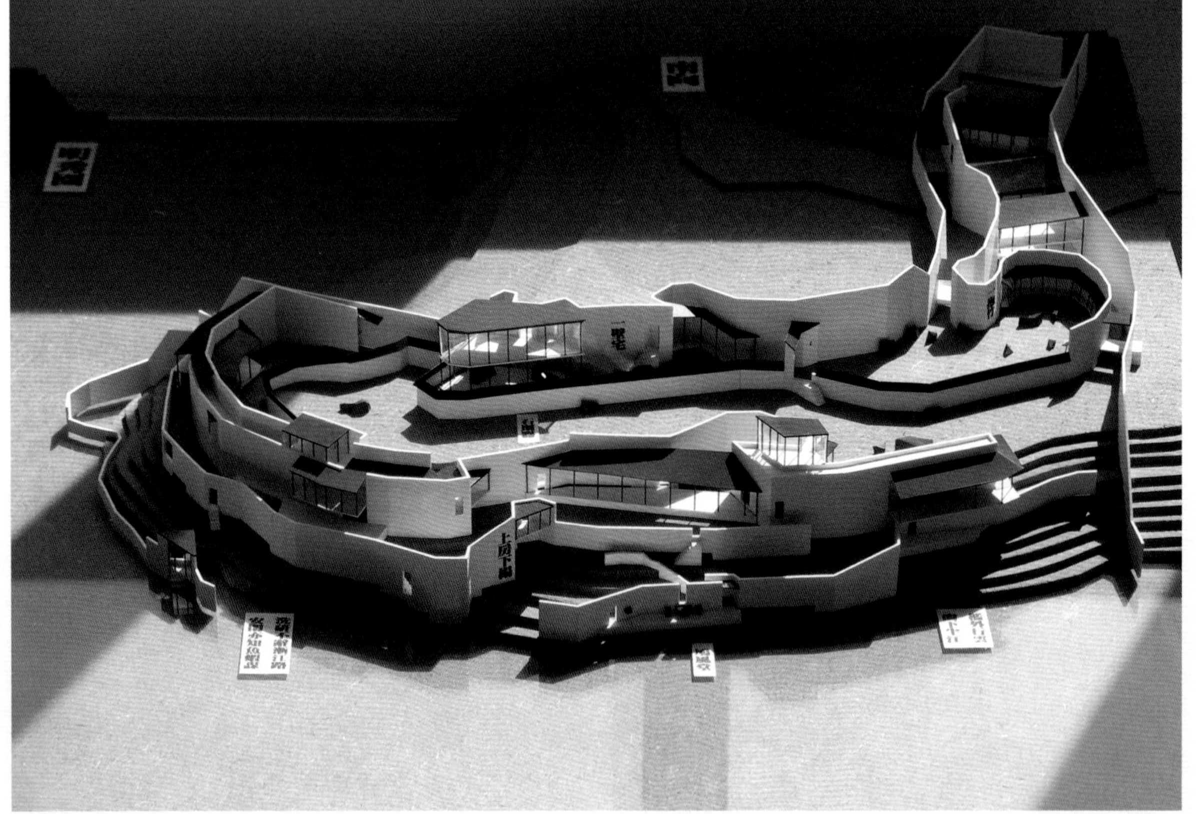

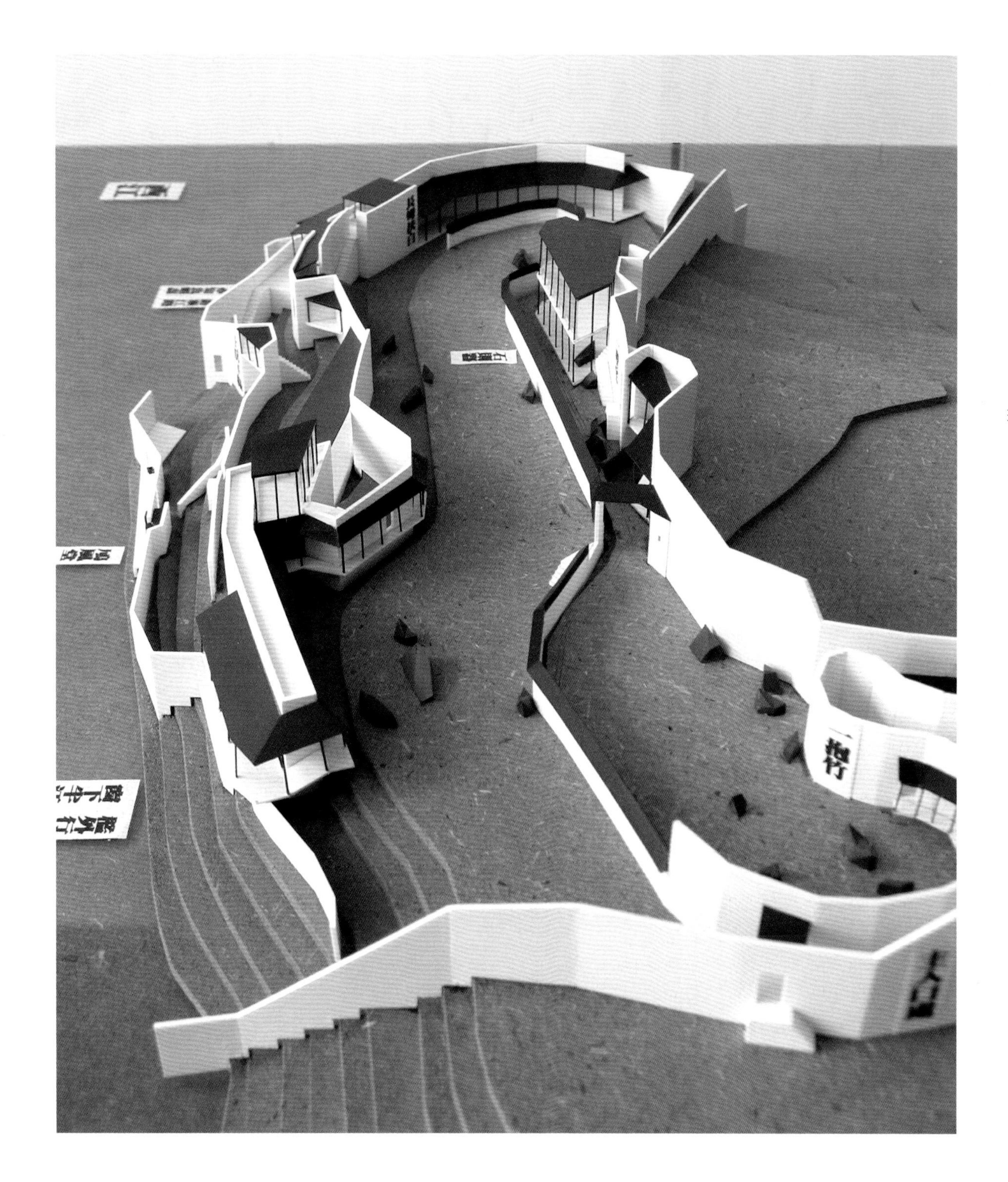

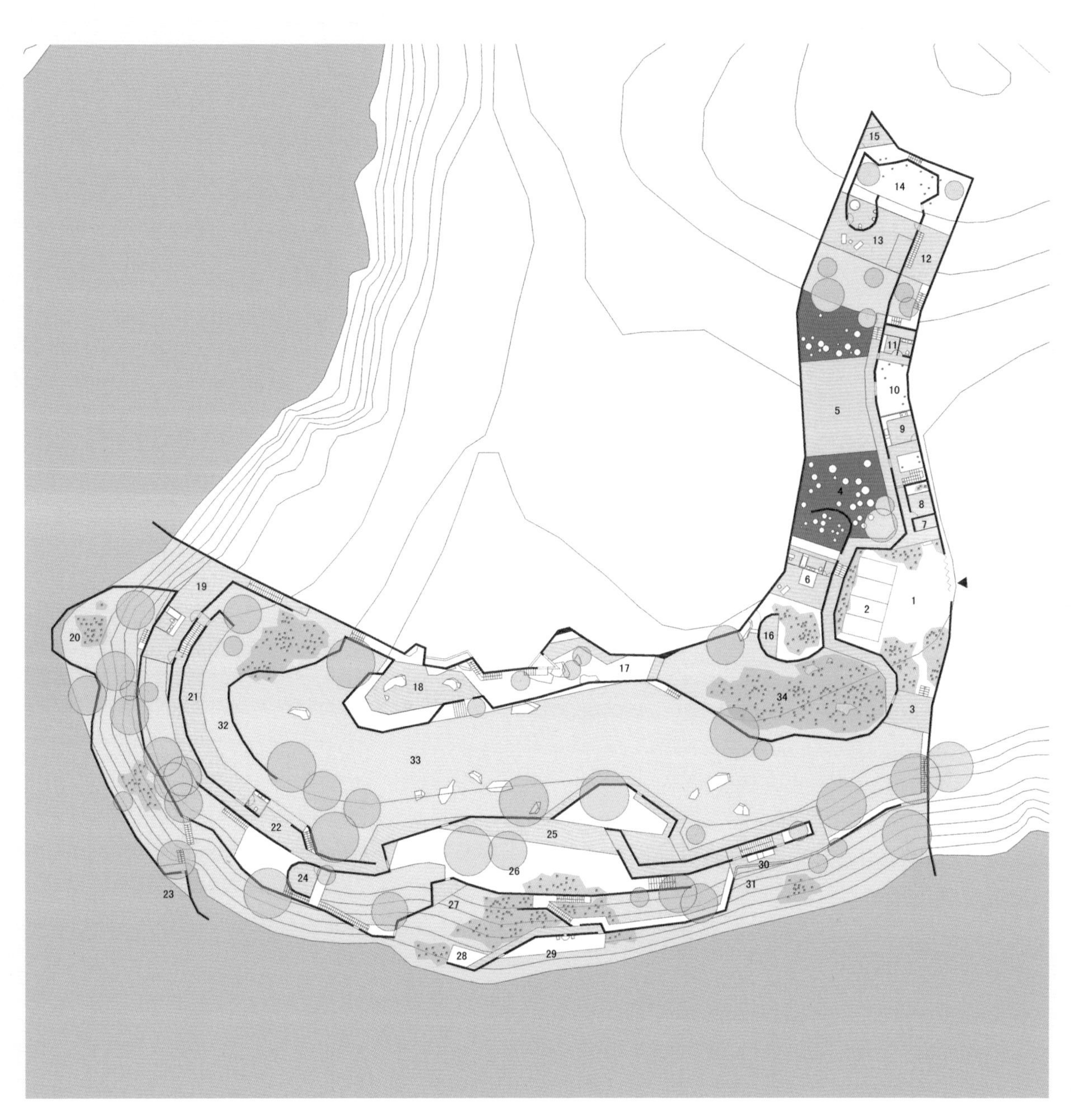

1：入口大门　2：停车　3：门厅　4：河塘　5：荷荫大棚（起居/餐厅/活动）　6：老人家　7：门房　8：休息间　9：厨房　10：晾晒院　11：洗衣房　12：过厅/接待　13：主人家　14：芭蕉垣（后花园）　15：山人房（书房）　16：拢竹　17：一壁宅　18：石则器（茶厅）　19：隔水师篑（避暑家）　20：鸭圃　21：画廊　22：仰田　23：鸭厅守　24：洗砚路（书房）　25：广广　26：雅集江台　27：上房　28：下榻　29：鸠风堂（半江宅）　30：嘶浣堂　31：折江　32：长弯扶白　33：长圃连芜（垄田）　34：哺鸡竹坞

一层平面图

35：儿女家　36：过厅　37：服务间　38：水相（客人家）　39：江宰（客人家）　40：镇江（雅集厅）

二层平面图

大广间

筱原一男的设计作品——谷川的住宅中，有两个「广间」，一个冬，一个夏。传统「土间」式样的住宅平面在此做了同构的嵌套。「冬的广间」是正常的，是萎缩的，「夏的广间」是异常的，夸张的：倾斜的地面是山坡的切割，是自然闯入的高度抽象。冬是一个观望者；夏，山水穿堂而过。

正如谷川俊太郎的想象：「冬天的房子或是开拓者的小屋，夏季的空间或是泛神论者的教堂」。广间，是「屋宇下自然」。大广间，是对「谷川的住宅」的一种还原性的重新书写，是高度夸张的解读性设计，是对「广间」的自然属性的极致想象，借助它，指向了我们自己的乡愁。大广间，一个满载山水的屋宇，一个壶中的天地，一个宗炳的卧游，一个起居的自然。关上山水，是对自然诗意的巨大收藏。

设计：王欣、孙昱

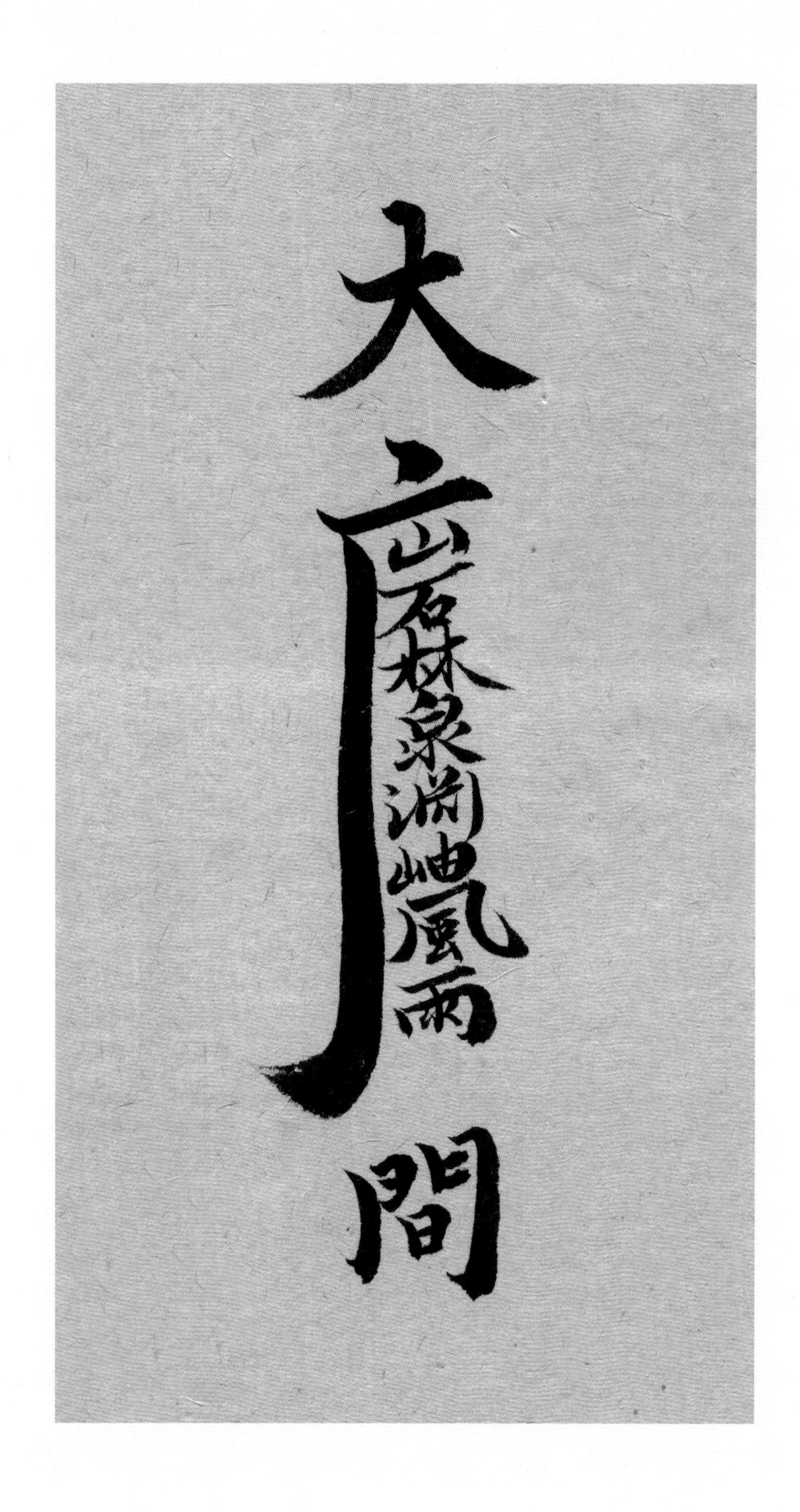
大
間

大廣間

怀抱山水·收藏自然

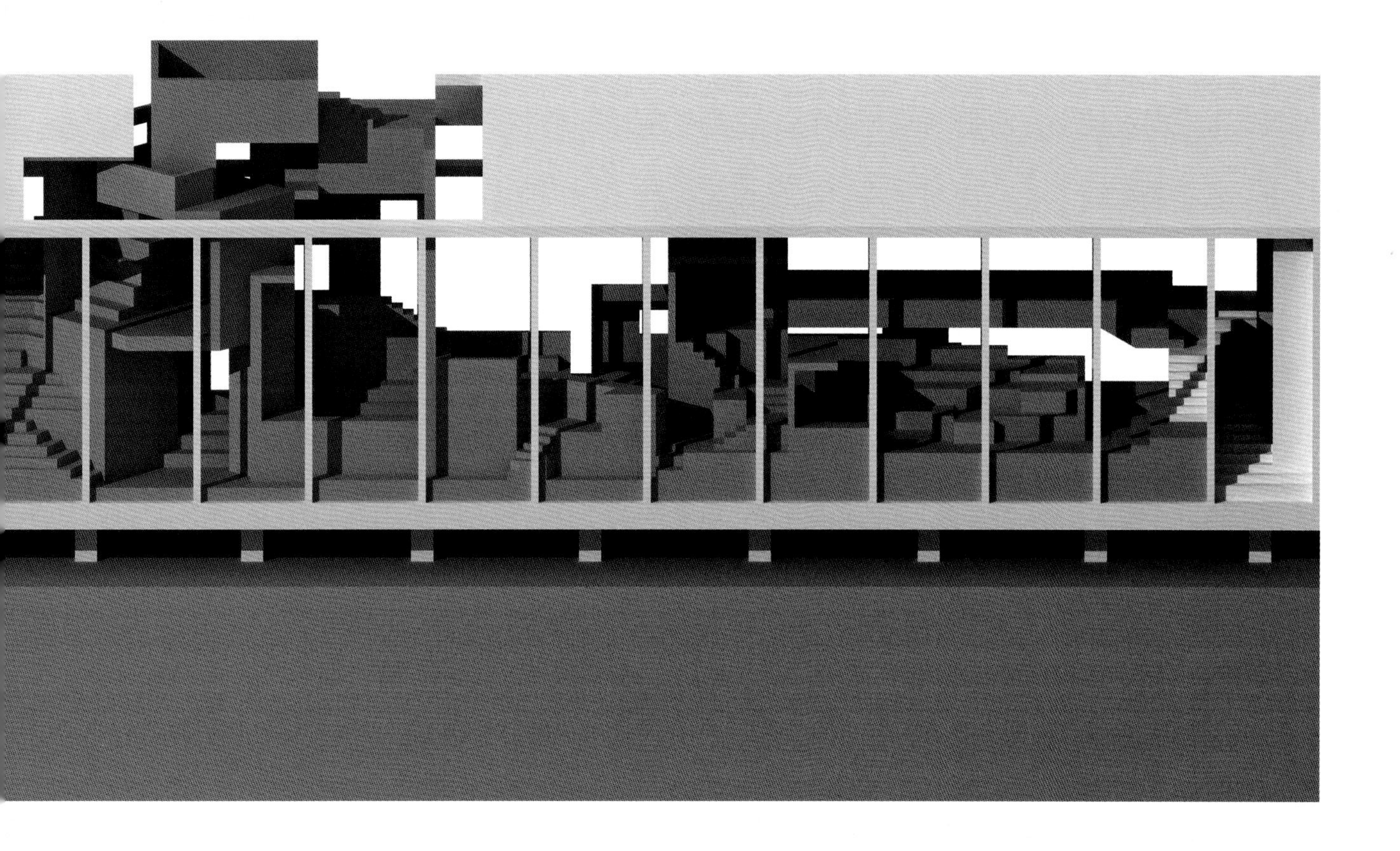

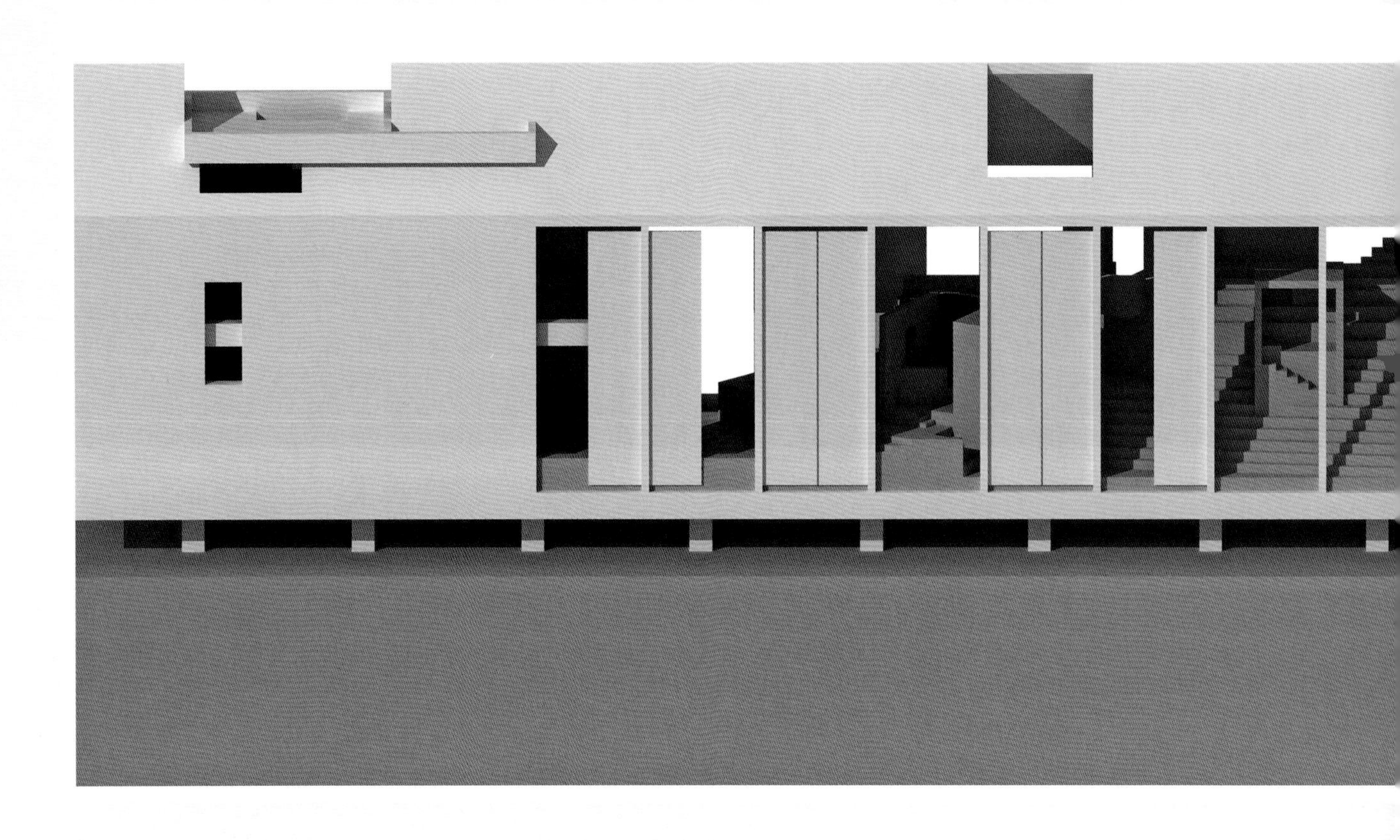

收放林泉·开阖风景

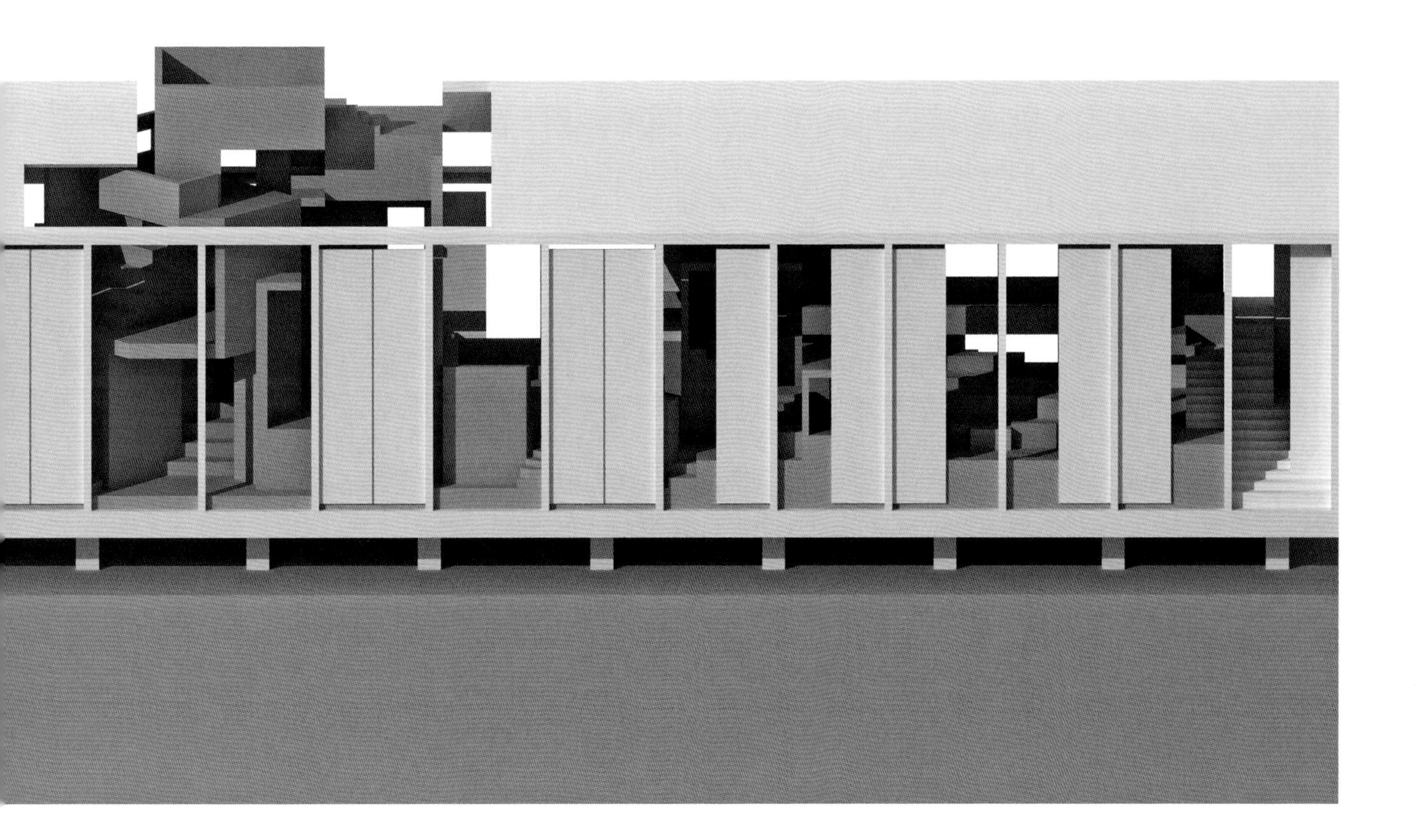

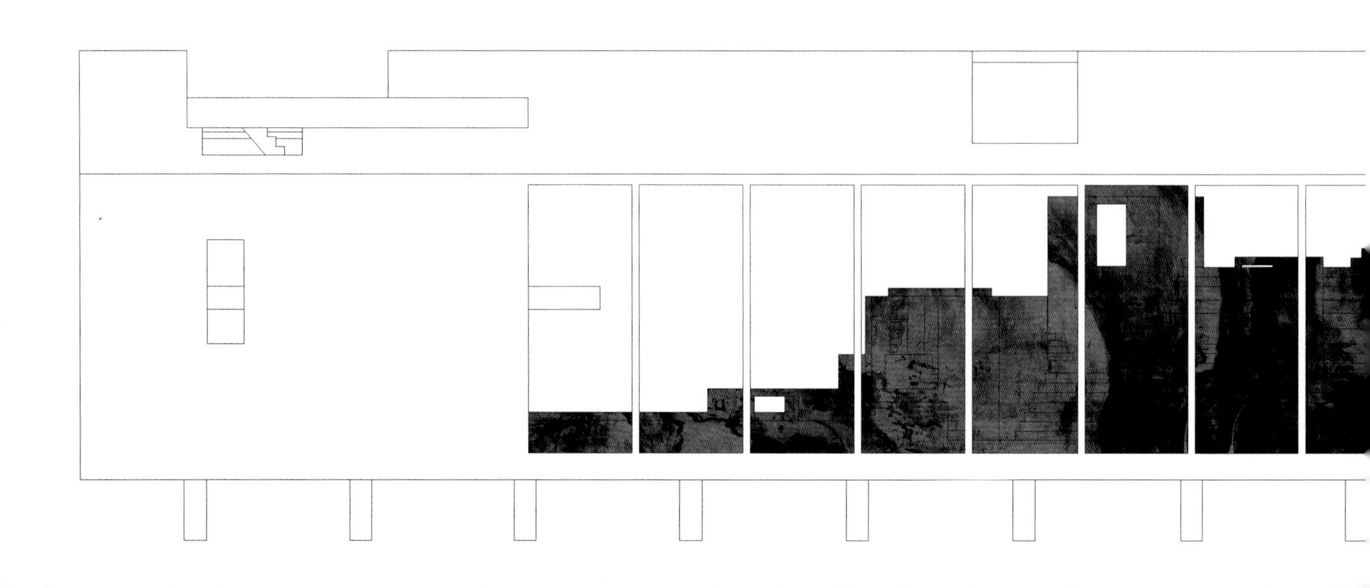

图1：大广间二层平面
图2：大广间一层平面
图3：如画的段落组织

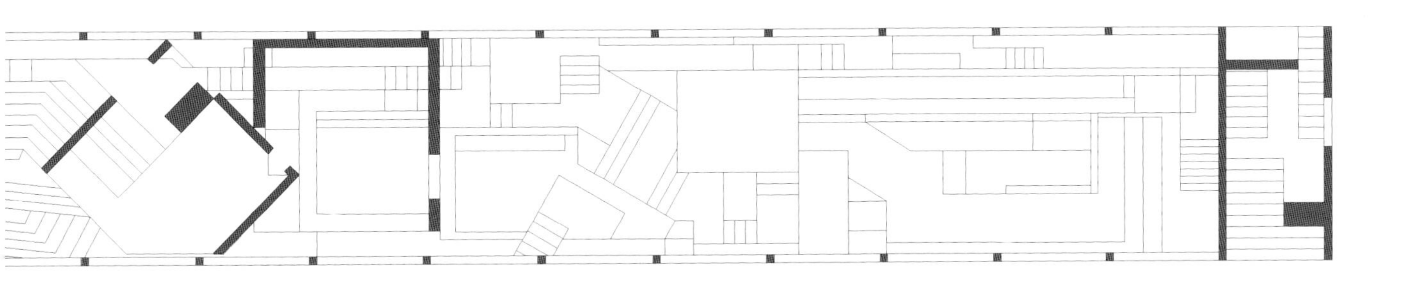

1

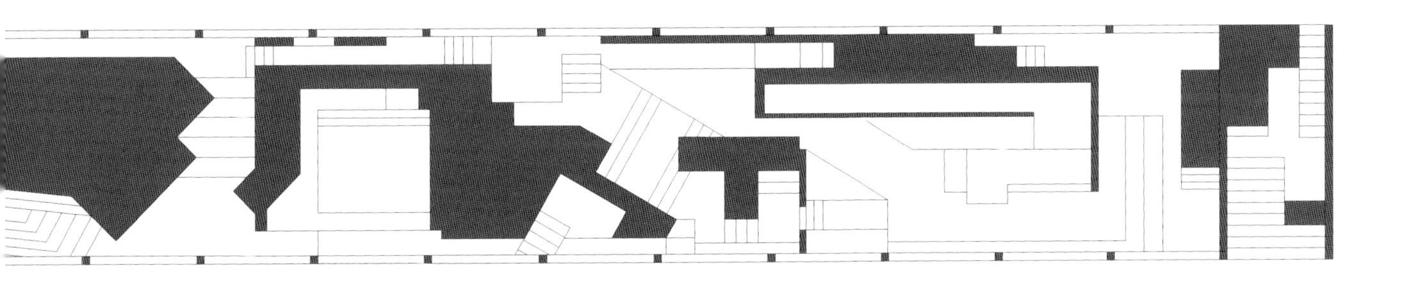

2

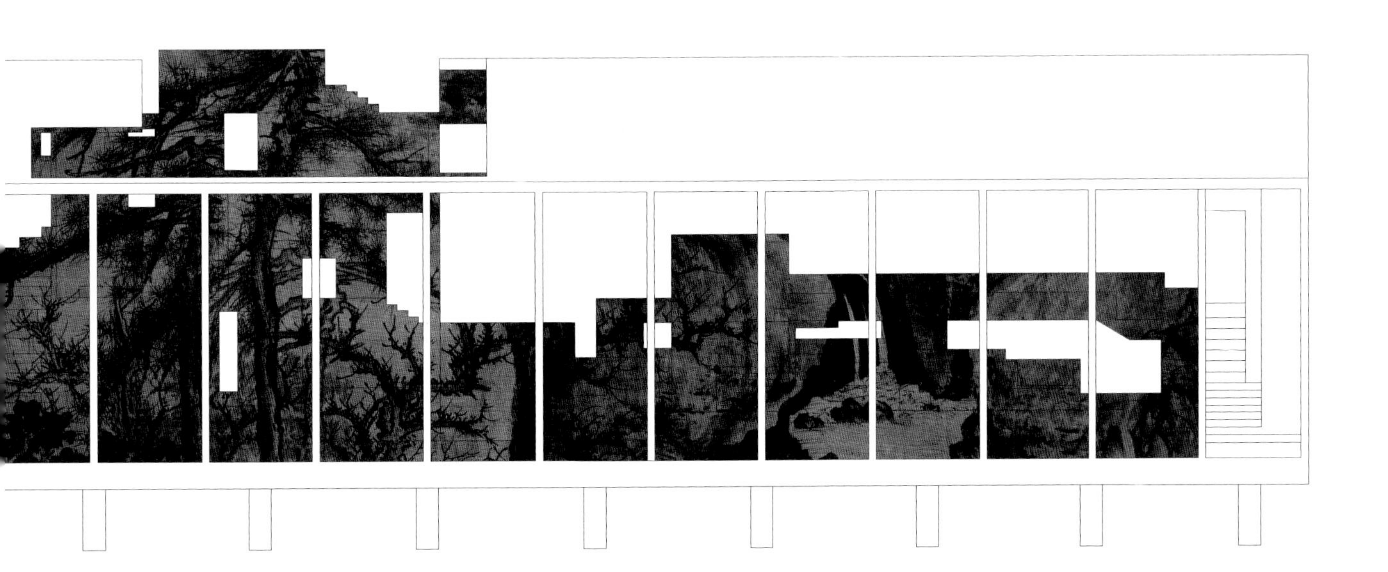

3

跋

金秋野

把王欣的设计比作语言是很有意思的一件事。拿本书中的《如画观法十五则》来说，每则都像一个小故事，而不是穷举若干“空间原型”，或在抽象原则指导下观察空间的种种变化，就像彼得·埃森曼那种繁冗的形式操作。尽管使用的造型语言与现代主义的关联不容否认，这一系列“小品建筑”（姑且这样呼之）的核心特征在于表意，或者说，是一系列具有特殊意味的生活切片，好像布列松镜头下的世界，人物处于熟悉的周遭环境中，充满随意和偶然，从中捕捉到的却是“决定性的瞬间”。在这种视角之下，日常生活的不寻常显现出来，行为浓缩在造型中。例如“拈石掇山”带来两个动作：“拈”与“掇”，而“山”的物质形态是这一对动作的直接结果。再比如“剥山洞房”，更是直接指明了一个行为带来的空间结论：剥开山体，露出洞房。这一动作隐含的色情意味，因红色的内嵌形体和松树摇曳的身姿而撩拨读者的神经。建筑不再只是纯粹的理智构造和中性的几何形体，相反，它充满了情感与记忆的线索。再如“研山行旅”，暗中穿插了米芾的“研山”、范宽的《溪山行旅图》和真实世界里的苦旅经验，在任意伸缩的尺度上将器物、绘画和记忆勾结在一起。而“溪岸塞船”则即景式地凝固了一个繁忙渡口的尴尬瞬间。与“极少主义”这一类“客观性”的建筑追求不同，造型语言本身在这里是第二位的，画面上笔触的繁简多寡也不是建筑师追求的核心目标，建筑成为叙事的工具，而所叙之事又与日常生活的经验相关，当然这种经验同时是历史和审美的，它稍稍偏离了我们自身所在的这个浮肿病态的雾霾世界和残山剩水，带着文化记忆返回到《闲情偶寄》的审美氛围里。

我们可以从语言的角度看到中国园林的一个非常特殊之处。西方建筑几千年摆脱不了寻找“原型”的努力，这或许与柏拉图对理式世界的追寻有关。勒·柯布西耶从帕提侬神庙中看到数学，从古典建筑中看到控制线，他因此发明了模度，来避免形式操作中的“任意性”。好像有一个完美而绝对的形式范本，隐隐浮现于所有形式语言的背后，为现实世界提供模板。原型和母题成了建筑历史叙述的核心，对造型语言的迷恋催生了几何抽象，抽象到极致，再让语言自行派生，以至于无穷。新建筑五点是抽象形式语言本身而不是象征隐喻符号，更不是具体物件，它与抽象的原则有关，与经验和记忆无关。

而园林则更像事件的荟萃、记忆的连缀，表达情绪或动作，而不是语素或音节。李泽厚说，中国文字从来都不是语言的复写，不是声音的记录，而是事件的记录，因而必须是具象的造型。进而，中国人命名方式也不是约翰、彼得这样的音韵记录，而是太白、子美这样的具体情节，各有各的姿态和况味，最终通过文字表达为一个象形。抽象与具体，在文字—语言—命名的过程中合为一体，不曾分开。

王欣的设计特重命名，经由命名，这些小品建筑逃离了抽象的造型世界，它们首先表达的不是“漫步建筑”无指向的“叙事性”，而是对一件旧物、一次欢宴、一个雨后的晴天、一朵待放的花朵的写生，寥寥数笔，以建筑语言完成了“结绳记事”。另一个设计“观器十品”中有一品叫“凭望”，表面上看像是一个具体动作的空间化，其实却唤醒记忆中的诗意瞬间——旅人凭望夕阳下的远山，“无人会，登临意”。这与抽象几何造型的雕塑美和构成美无关，一根纤细的红柱和一角芭蕉都入画境，有悠然的远意在，引人愁思。阅读的法门，就是抛开现代建筑造型语言的审美标准，进入情感和记忆深处，用心灵而不是头脑去接近这些小品，让它所记录的那个瞬间与经验彼此印证，从而引诱出情绪来。记录事件而引发感想，就是历史了。本雅明痛陈讲故事传统的丧失，雅克·巴尔赞驳斥现代史学的分析倾向，无独有偶，分析法正有日益成为现代建筑学唯一思想武器的趋势，加上后现代主义的一番折腾，表意和象征的追求更是让人避之犹恐不及，“专业、抽象、分析化”几乎成了建筑唯一的追求。但是，语言的真正作用不是拿来作为分析的样本，而是诗意地叙事；同样，建筑也应直接唤起人的情感。退思园有“眠云卧石”，耦园有“枕波双隐”，拙政园有“远香堂”、“见山楼”，名字与造型一起，通过唤醒记忆带来超越日常的审美体验。在园林中，自然与生活本身即可提供诗性和崇高，无需纪念性与形式洁癖。

形式洁癖是什么时候与设计中的精神追求划了等号的呢？或许，它表达崇高靠的就是同日常的割裂，通过无装饰几何原型来追求永恒，建筑成了离世间的存在。而园林则基本上是在世间的，它的审美经验在常识中，并不是宗教性的。但它仍然可以超越，可以臻于崇高，只要它踩着日常生活繁琐功利的一层达到风雅和乐的一层，怀有对往昔的眷顾、对生命的珍重、对四季转换的欣赏和留恋。园林是日常生活的审美化，并不是日常本身，但它并不提供绝智去欲的宗教感情，它的超越性里时刻有审美主体的“我”在焉。

我们经常在设计中谈到“以人为本”，似乎它是颠扑不灭的真理。其实这句话非常可疑。人与人的差别非常之大。在抽象意义上谈论人的需求是没有意义的，不同时期建筑在走道、门洞宽度上都有很大的差别，不是人变了，而是文化变了，对尺度的耐受力变了。在抽象造型中引入经济和生产性因素是具体化的第一步，引入文化阶层和审美习惯是第二步，建筑师面对的人必然是千差万别的，建筑因此也必须从历史和身体经验中来。审美更是如此：抽象的普遍审美可能并不存在。至少，表达伦理意味的古典建筑与表达抽象游离的个人体验的现代建筑就很不同，不置入历史语境，美是无法识别的，何谈建立系统的美学观念。

王欣的设计里有很深的文化思考，多数思考都是直觉式的，适合通过造型来表达。但是必须承认，跟中国语言一样，中国的建筑造型缺乏真正意义上的抽象，以及通过抽象实现表现上的克制；如何在形式操作中避免设计语言的“任意性”，把握“度”与“分寸”，及时找到与物质建造相结合的途径，在实践中凝练提纯，是必须解决的问题。

在另外两篇文章中，我曾探讨这些设计中蕴含的类型学方法、自然形态和人工形态的互文、浅空间的展演性特征和动作暗示性特征，在此不再赘述。王欣将前一阶段的设计作品结集，名之曰《如画观法》，意思是这些作品的整体构思来自于传统山水画的空间结构，这种努力源于文化上的一点自觉，希望从前代画家的“视觉—心灵”构造上去探索适于当代物质环境的空间诗学表达，这是极富意义的探索。但好的画家不仅师法前人，也要面对真山真水与红尘世界，师法于自然本身。而与传统相关的文化图示、器物构造、身体感知、仪态动作等方面的探索，更是这些设计中都有交代、而这个题目所不能道尽的实验性视角，其中千头万绪，都应在后续的工作中一一发展。因此，尽管这些作品带有某种唯美倾向，却能很微妙而精准地传达礼乐精神和中国人特有的情感表达与生命寄托。这让我们惊讶地发现，一些几乎被遗忘的诗意经验居然可以借助现代建筑语言重获生机，使个人的艺术探索获得道德意义，而为现代建筑注入新感觉。是为跋，与王欣共勉。

光明城

LUMINOCITY

"光明城"是同济大学出版社城市、建筑、设计专业出版品牌，由群岛工作室负责策划及出版，致力以更新的出版理念、更敏锐的视角、更积极的态度，回应今天中国城市、建筑与设计领域的问题。

图书在版编目（CIP）数据

如画观法 / 王欣著 . -- 上海：同济大学出版社，2015.12 (2022.7 重印)
ISBN 978-7-5608-5631-5

Ⅰ . ①如… Ⅱ . ①王… Ⅲ . ①建筑学－研究 Ⅳ . ① TU

中国版本图书馆 CIP 数据核字（2014）第 215596 号

如画观法
王欣　著

出 品 人：支文军
策　　划：秦蕾 / 群岛工作室

责任编辑：杨碧琼
责任校对：徐春莲
装帧设计：张　微

版　　次：2015 年 12 月第 1 版
印　　次：2022 年 7 月第 4 次印刷
印　　刷：上海雅昌艺术印刷有限公司
开　　本：889mm×1194mm 1/16
印　　张：12.5
字　　数：400 000
书　　号：ISBN 978-7-5608-5631-5
定　　价：228.00 元
出版发行：同济大学出版社
地　　址：上海市四平路 1239 号
邮政编码：200092
网　　址：http://www.tongjipress.com.cn
经　　销：全国各地新华书店

An Architecture Towards Shanshui

by: WANG Xin

ISBN 978-7-5608-5631-5

Initiated by: QIN Lei / Studio Archipelago

Produced by: ZHI Wenjun (publisher), YANG Biqiong (editing), XU Chunlian (proofreading), ZHANG Wei (graphic design)

Published by Tongji University Press,1239, Siping Road, Shanghai, 200092, China

www.tongjipress.com.cn

Fourth print in July 2022